QINGSHAONIAN YOUMO
LEGUAN XINTAI DE PEIYANG

青少年幽默
乐观心态的培养

史毅军 编著

中国出版集团
现代出版社

图书在版编目（CIP）数据

青少年幽默乐观心态的培养／史毅军编著．— 北京：现代出版社，2011.9（2025年1月重印）

ISBN 978 - 7 - 5143 - 0305 - 6

Ⅰ．①青… Ⅱ．①史… Ⅲ．①幽默（美学）－青年读物②幽默（美学）－少年读物 Ⅳ．①B83 - 49

中国版本图书馆 CIP 数据核字（2011）第 146285 号

青少年幽默乐观心态的培养

编　　著	史毅军
责任编辑	陈田田
出版发行	现代出版社
地　　址	北京市安定门外安华里 504 号
邮政编码	100011
电　　话	010 - 64267325　010 - 64245264（兼传真）
网　　址	www.1980xd.com
电子信箱	xiandai@ vip. sina. com
印　　刷	三河市人民印务有限公司
开　　本	710mm ×1000mm　1/16
印　　张	13
版　　次	2011 年 10 月第 1 版　2025 年 1 月第 9 次印刷
书　　号	ISBN 978 - 7 - 5143 - 0305 - 6
定　　价	49.80 元

前　言

"幽默"一词在我国最早出现于屈原的《九章·怀沙》："煦兮杳杳，孔静幽默。"此处的"幽默"意为"幽寂无声"。然而，现在我们所说的"幽默"却是音译的外来词，与古汉语中的"幽默"毫无关系。

英语中的 humor 一词来自古希腊医学，本义是"体液"。古希腊名医希波克拉底认为，人的体液有血液、粘液、黄胆汁和黑胆汁四种，其组成的比例不同，便会形成人们的不同气质和脾性。他还认为人的抑郁情绪正是由于体内"黑胆汁"过盛所致，而解决的方法就是让人开怀大笑。在后来的不断演化中，humor 逐渐变成生动有趣的代名词。

1906 年，王国维出版了《屈子文学之精神》一书，书中首次谈及 humor 一词，并将其音译成"欧穆亚"，认为"欧穆亚"是一种达观的人生态度。1924 年，林语堂连续撰文，最终确定"幽默"为 humor 的汉译名。

林语堂解释道："凡善于幽默的人，其谐趣必愈幽隐；而善于鉴赏幽默的人，其欣赏尤在于内心静默的理会，大有不可与外人道之滋味。与粗鄙的笑话不同，幽默愈幽愈默而愈妙。"

从幽默的原理来说，幽默是一种巧妙的语言方法，其特点是用曲折、含蓄的表达方式使人在笑声中别有会心。

说到幽默形成的原因，多数学者认为，不协调是造成幽默的普遍原因，因为不协调现象总是出人意料又合乎情理。他们常用"奇巧"二字来简括，奇是出奇，出人意料；巧是合乎情理，可以理解。出奇而不合情理，就不会造成幽默。

　　幽默是一种特殊的情绪表现，能使人们平淡的生活充满情趣，是生活的润滑剂和开心果。可以说，哪里有幽默，哪里就有生动而活跃的气氛；哪里有幽默，哪里就有笑声和成功的喜悦。

　　幽默是一种优美的、健康的品质。一个心胸狭窄、思想消极的人是不会有幽默感的，幽默属于那些心胸宽广、对生活满怀热情的人。因此要培养出幽默心态，得先具备高尚的情趣和乐观的信念。具有幽默心态的人往往想象力丰富，因此要提高观察力和想象力，要善于运用联想和比喻。

　　幽默是人们适应环境的工具，是人类面临困境时减轻精神和心理压力的方法之一。俄国作家契诃夫说："不懂得开玩笑的人，是没有希望的人。"可见，生活中的每个人具备幽默心态是多么重要。

　　为了帮助中小学生们培养出良好的幽默心态，我们编写了这本书，前六部分纵论幽默在人生各个方面的影响力，其中穿插了大量幽默故事，让你充分领略幽默的非凡魅力。通过这一篇篇幽默短文的阅读，你的心底就会播下幽默的种子，你的心态也会变得幽默起来。第七部分是关于幽默技巧的介绍，学习领会，灵活运用，会使你的谈吐熠熠生辉，行动潇洒自如。最后三部分是幽默故事的汇编，从这些小故事中学习、借鉴并进行演练，对于你培养出幽默心态将是大有裨益的。

　　青少年朋友们，请从打开本书开始，踏上智慧的车轮，借助幽默的力量，让自己及其身边的人开心笑起来，笑出一片灿烂的阳光吧！

目　录
Contents

目　录

童言无忌妙语天成借鉴篇

纵横校园游刃有余演练篇

目 录

用幽默提升你的精神修养

幽默心态要培养

幽默是一种特殊的情绪表现。它是人们适应环境的工具，是人类面临困境时减轻精神和心理压力的方法之一。俄国文学家契诃夫说过：不懂得开玩笑的人，是没有希望的人。可见，生活中的每个人都应当学会幽默。多一点幽默感，少一点气急败坏，少一点偏执极端，少一点你死我活。这样的人就会活得快乐，活得潇洒，更易广结善缘，更易走向成功。

幽默可以淡化人的消极情绪，消除沮丧与痛苦。具有幽默心态的人，生活充满情趣，许多看来令人痛苦烦恼之事，他们却应付得轻松自如。用幽默来处理烦恼与矛盾，会使人感到和谐愉快，相融友好。那么，怎样培养幽默心态呢？

领会幽默的内在含义，机智而又敏捷地指出别人的缺点或优点，在微笑中加以肯定或否定。幽默不是油腔滑调，也非嘲笑讽刺。要知道：浮躁难以幽默，装腔作势难以幽默，钻牛角尖难以幽默，捉襟见肘难以幽默，迟钝笨拙难以幽默，只有从容，平等待人，超脱，游刃有余，聪明通透才能幽默。

培养幽默心态，需要扩大知识面。幽默是一种智慧的表现，它必须建立在丰富知识的基础上。一个人只有有审时度势的能力，广博的知识，才能做到谈资丰富，妙言成趣，从而做出恰当的比喻。因此，要培养幽默感必须广泛涉猎，充实自我，不断从浩如烟海的书籍中收集幽默的浪花，从名人趣事的精华中撷取幽默的宝石。

培养幽默心态，要陶冶情操，乐观面对现实。幽默是一种宽容精神的体现。要善于体谅他人，要使自己学会幽默，就要学会雍容大度，克服斤斤计较，鼠肚鸡肠。乐观与幽默是亲密的朋友，生活中如果多一点趣味和轻松，多一点笑容和游戏，多一份乐观与幽默，那么就没有克服不了的困难，也不会出现整天愁眉苦脸，忧心忡忡的痛苦者。

培养幽默心态，需要培养深刻的洞察力，提高观察事物的能力。培养机智、敏捷的能力，是提高幽默的一个重要方面。只有迅速地捕捉事物的本质，以恰当的比喻，诙谐的语言，才能使人们产生轻松的感觉。当然在幽默的同时，还应注意，重大的原则总是不能马虎，不同问题要不同对待，在处理问题时要极具灵活性，做到幽默而不俗套，使幽默能够为人类精神生活提供真正的养料。

幽默可以说是一种优美的、健康的品质，能使人们平淡的生活充满情趣，是生活的润滑剂和开心果。可以说，哪里有幽默，哪里就有活跃的气氛；哪里有幽默，哪里就有笑声和成功的喜悦。幽默可以为人们带来笑声，人是唯一会笑的动物，每天发自内心的大笑三声能让人长命百岁。

幽默是一种机智，是生活的调味品，是人际关系的润滑剂和成熟的表现，它具有穿透力，幽默能给人们带来轻松的笑声和欢乐，消减矛盾和冲突，缩短人与人之间陌生的距离。幽默能改善人际关系或摆脱困境，更有利于个人的身心健康，社会的轻松和谐。

幽默是一种高雅的生活情操。善用幽默的人不仅受人喜爱，能获得别人更多的支持和帮助。幽默是一个敏锐的心灵在精神饱满、神气洋溢时的自然流露。对于每个人来说，幽默是人们的一种精神食粮，它可以减少人们的压抑与忧虑，维护心理的平衡，给人一种轻松愉快的感觉。

♥ 引发笑声的艺术

幽默并不只是讲笑话，它比笑话更有深度，产生的效果比笑话更强，比哈哈大笑或咧嘴一笑更能得到回报。幽默也不一定要引人发笑，当然它也通常由笑来帮助我们把幽默散播出去。

笑是可见、可闻的。著名心理学家兼教育学家凯丝·毕德在《幽默心理学》一书中说，她进行了包括横隔膜振动、上身运动、鼻孔扩张、眼球突出，以及下颚振动在内的测量，结果发现，"我们看了有关笑的客观描述之后，会有一种感觉，就是做这种举动的人必定累得要命，而不会乐在其中"。

这类关于笑的测验本身就是幽默，我们会一笑置之，但我们可以得知"笑"在生活中扮演了什么角色。

至少"笑"是一个有趣的角色。有趣在哪里？这又好像在实验室解剖青蛙一样，解剖完了，什么也没剩。一家杂志提供了 30 则笑话，调查14500 名读者的意见。结果是，"每一则笑话都有一批为数不少的读者喜爱，同时也有另一批人斥之为'根本不好笑'"。人们由此而得出结论：这种有趣感因人而异，它的关键在于何时产生，而并非是何事或何物。当你对他人的幽默以快乐和肯定来回应时，当你也能帮助他人感受快乐时，有趣就已经产生了。

我们可以看下面的幽默，从中得到一些乐趣。

两个国家的吹牛大王在竞吹他们国家的火车如何的快。

英国人说："我们英国的火车那才叫快，得不停地往车轮泼水，不然的话车轮就会热得熔化。"

"那又有什么了不起呢？"俄国人不以为然地说，"有一次我要作国内旅行，我女儿到车站送我。我刚坐好，车就开动了。我连忙把身子探出去吻我的女儿，却不料吻了离我女儿 10 千米远的一个黑乎乎的乡村老太婆。"

这两个吹牛大王吹得也太离谱了，但给大家带来了快乐。

有人说："如果你为别人做了一件好事，那么同时你也治愈了自己。因为欢乐是一剂精神良方，能超越一切障碍。"就这个意义来说，当你在处理自己的大小失误时，如果你能笑谈自己的失误，并与他人同笑，那么你不仅给别人带来了愉快和轻松，同时也治愈了失误引起的痛苦。以自己为对象的笑可以消释误会，抹去苦恼，击倒失败，重振士气。学会去看你自己认为可笑的一面，你就会获得自尊。此外，你还给别人建立了一个榜样，使别人也感到能同你一样自在地取笑自己。即使以后你与他一同取笑他的失误时，你既不会伤他自尊，也不会令他不悦，因为你已经证明你是个能与他人共欢笑的人，而不是只在一旁取笑、批评他的人。

使人欢笑、使人快乐的途径，只能是做使人愉快的事、说使人愉快的话。当你学会了如何笑自己时，你会发现你已经掌握了这种能力。

下面来看下面一则笑话：

> 有一次，文森特走到咖啡出售机前，丢进硬币，按了按写着"咖啡、糖和牛奶"的按钮。
>
> 他往下一看：没有杯子！
>
> 他望着汩汩流出的咖啡，说："天哪！这就是全自动化。该死的机器不仅给你咖啡、糖、牛奶，它还帮你喝了呢！"

幽默的人不会为不愉快的事生气，反而会让它变成乐趣。

在生活中，我们经常会笑，幽默就是一种逗我们快乐的方法。笑是人的一种本能，但人却不会时时刻刻都能笑，想笑，要笑，笑是在一定的条件作用下才会发生的。幽默会引人发笑，所以，一些注释家把幽默当成"善意的微笑"，"以笑为审美特征"，还有人把幽默奉为"引发笑声的艺术"，故而特别受到人们的重视。

人们的笑，可按照笑时的表情分为多种多样。幽默可以使人发出轻松的微笑、快乐的大笑，也可以引起人们的冷笑、嘲笑或似发疯的狂笑等等。但笑并不是幽默的目的，而在于人们笑过之后所得到的深刻哲理和启迪，也就是说幽默在于笑的背后。

不过，现实生活里，很多幽默话是逗人开心的钥匙，纯属娱乐性质。

笑的确是调节人们感情和情绪的"润滑油"。在一个科室或一个家庭，当人们工作紧张都有了疲劳感时，同事中或家庭成员中如有人出来讲段幽默故事，室内空气立即就会变得轻松活跃。

有这样一则幽默故事：

三个人在争论何种职业最先出现在这个世界上。

一位医生说："当然是医生这一行，因为上帝是最伟大的治病家。"

第二个是工程师，他说："不，是工程师最早，因为《圣经》上说，上帝从混沌之中创造世界。"

第三个是位政治家，他说："不，你们两位都错了，是政治家最早。你们想那混沌的状态是谁造成的？"

笑在社会生活中，不仅对人体健康有益，而且笑在人群中可以增进友谊，缓冲矛盾，消除隔阂。

笑还是增进友谊的桥梁和纽带。

马克思与诗人海涅有着十分深厚的友情。有一年，马克思受到法国当局的迫害，匆忙离开了巴黎。临行时，他给海涅写了一封信，信中说："亲爱的朋友，离开你使我痛苦，我真想把您打到我的行李中去。"

把人打到行李中去这是不可能的事，马克思在同海涅开玩笑，与对方开了个玩笑，显示了两人的珍贵情谊。

这样说来，幽默确属引发笑声的艺术，在各式各样幽默作品面前，人们笑得那么开心，笑得前仰后合，笑得泪流不止。人们向往着欢声笑语，所以，我们绝不可以小看了大笑几声的作用。

个人修养的名片

言语幽默虽包含着引人发笑的成分，但它绝不是油腔滑调的故弄玄虚或矫揉造作的插科打诨。有幽默感的人，大都有较高的文化水平和良好的品德修养，而一个不学无术的人则往往只会说一些浅薄、低级的笑话。

情调高雅的言语幽默总是于诙谐的言语中蕴含着真理，体现着一种真善美的艺术美。因而，言语幽默必须是乐观健康，情调高雅的。

幽默在交谈中有重要的意义。真正的言语幽默，必定是以健康高雅的话语、轻松愉快的形式和情绪去揭示深刻、严肃、抽象的道理，使情趣与哲理达到和谐统一。

　　有一次马克·吐温到一个小城市去，临行前别人告诉他，那里的蚊子很厉害。到了那里以后，当他正在旅馆登记房间时，有一只蚊子在他面前来回盘旋，店主正在尴尬之时，马克·吐温却满不在乎地说："你们这里的蚊子比传说的还要聪明，它竟会预先看好我的房间号码，以便夜晚光顾。"大家听了不禁哈哈大笑。于是全体职员出动，想方设法不让这位作家被那预先看房间号码的蚊子叮咬。

言语幽默最能体现受人欢迎的"趣"、"隐"等言谈的风采，它在深层的变化渊源与内核上赋予平常的言谈以力透纸背、意蕴深长的力量，并从色彩和情调上给人着迷的缤纷和欢悦。

言谈明显具有雅俗之别、优劣之分，言谈优雅者也往往是言谈幽默者。谈吐隽永每每使人心中一亮，恍如流星划过暗夜的太空，光华只在瞬间闪耀，美丽却在人们心中存留。

　　铁血首相俾斯麦有一次和一名法官相约去打猎，两人在寻觅动物时，突然从草丛中跑出一只白兔。

　　"那只白兔已被宣判死刑了。"

　　法官好像很自信地这么说了以后，便举起猎枪，可是并没有打中，白兔跳着逃走了。看到这种情形的俾斯麦，当即大笑着对法官说：

　　"它对你的判决好像不太服气，已经跑到最高法院去上诉了。"

办事时如果借助言语幽默，你成功的可能性便大大增加了。幽默能创造友善，避免尖锐对立。俗话说："笑了，事情就好办！"就是这个道理。

老李在餐厅坐了很久，看到别的客人吃得津津有味，只有他仍无侍者来招呼，便起身问老板："对不起，请问——我是不是坐到观众席了？"

老李没有大声地遣责服务员服务不周，反而用幽默的语言提醒对方，表现出良好的个人修养，使一个小小的幽默变得格调高雅，这就是个人品质对言语幽默的提升作用。

言语幽默不光能在交谈中使用，在书信等书面交流用语中使用它更能显示极好的个人修养。

据说《大不列颠百科全书》最初几版收纳"爱情"条目，用了5页的篇幅，内容非常具体。但到第14版之后这一条目却被删掉了，新增的"原子弹"条目占了与之相当的篇幅。有一位读者为此感到愤慨，责备编辑部藐视这种人类最美好的感情，而热衷于杀人的武器。对此，该书的总编辑约斯特非常幽默地给予了回答："对于爱情，读百科全书不如亲身体验；而对于原子弹，亲身尝试不如读这本书好。"

这位总编辑幽默的回信中包含了很深的哲理，他将爱情和原子弹进行比较，在答复读者质问的同时又表达了他和读者一样，珍惜人类最美好的感情、不愿原子弹成为"人类之祸"的思想。这种简单而又具有穿透力的言语使幽默提升到一个更高的层次，具有了更深、更广的含义。

一位女郎踩了一位先生的脚，立即表示歉意，男士为了缓解她的不安，连忙说："没关系，谢谢你提醒我该擦皮鞋了。"

面对令人气愤、烦恼的事情，这位先生用了一句曲折、幽默的话化解，显示了自己豁达的胸怀和不凡的修养。

言语幽默多是三言两语，轻描淡写的。它既不像戏剧那样有激烈的矛盾冲突，又不像小说那样有完整结构的故事情节，但是它的确具有一种特殊的穿透力，在你妙语连珠时，你发出的是一张张展示你个人修养的名片。

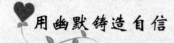

用幽默铸造自信

在茫茫人海中，每个人都不可能完全被他人所理解和接受，有时候我们会因此变得不自信，其实只要我们以一种幽默的心态正视他人反观自己，那么就容易让他人理解。在"推销"自己有突出特长的时候，要讲究方式、方法，这其中也有一个灵活、机智的问题。

指出可笑的事物，嘲弄一切旧的习俗，就不可避免地要导致反抗。弗洛伊德的学说清楚地表明，幽默是不屈精神的化身，是拒绝屈从社会成见的表现。幽默的力量掩盖了失望的假面具，正是这种抗拒、这种掩盖，导致了你的胜利和对方的改变。

弗洛伊德又指出，幽默不是屈从的，它是反叛的。这不仅表示了自我的胜利，而且表示了快乐原则的胜利，快乐原则在这里能够表明自己反对现实环境的严酷性。

在荒诞的故事中，也能因其幽默的力量而增进个人工作的价值。曲折与困惑会带来一份愁苦，如果闷在心里，便会影响身心。如果运用幽默的力量，以轻松、洒脱的方式来排遣这份愁苦，不仅能使愁苦化为云烟，也能因此而带来欢悦的收获。

4月1日是"愚人节"，这一天可以随便开玩笑。有人为了捉弄马克·吐温，纽约的一家报纸煞有介事地说他死了。

结果，马克·吐温的亲戚朋友从全国各地纷纷赶来吊唁。当他们来到马克·吐温家时，只见他安然无恙地坐在桌前写作。亲戚们马上明白这是怎么回事，纷纷谴责那家造谣的报纸。马克·吐温却幽默地说："报纸报道我死是千真万确的！不过提前了一些。"

但对于那些恶意中伤他的他人，马克·吐温却用另一种幽默的方式给予了坚决的回击。

他这样写道："有一只母蝇生了两个儿子，她把他们视为掌上明珠。有一天，母子三个飞到一家糖果店，有一个儿子想尝尝橱

窗里包装精美的糖果，不料刚落到糖果上，双翅颤抖，一命呜呼。原来糖果公司的产品有毒。母蝇痛不欲生，找到一张捕蝇纸大吃大嚼起来。不料，母蝇却没有死，原来捕蝇纸没毒，这是美国捕蝇纸制造厂的产品。"

马克·吐温为民请命的写作态度，是对那些为富不仁的奸商的辛辣讥讽。因此，那些商人对他恨之入骨，经常对他恶语中伤。马克·吐温以他的智慧和幽默为武器，充分运用幽默的力量，使得美国大众深深地喜爱他，因而获得了极大成功。

幽默并不是嘲笑任何事，而是同时能看见一件事情的严肃面和有趣面。无论你是内向型还是外向型的人，对生活都可以采取幽默的态度。我们若不能领略他人的幽默对我们带来的裨益，也就不太可能以自己的幽默来激励他人。

为了表现我们重视他人给我们带来的好处，为了通过自己来激励别人，我们为何不与人一起快乐？如果你生活在一个与他人的志趣、性格格格不入的环境中，就很容易用你的感情逻辑来对待环境，而环境的反馈又加深了你心理上的重负。如果你这时用本能的、非逻辑的感情去对待环境，周围原先使你压抑的环境就会变得舒缓而生动，你看上去也就不再与他人那么格格不入了。也就是说，幽默的力量会使你发现环境的另一面，会发现你的性格、志趣大众化的一面。而承认双方的合理性，加以调适便有可能实现融通，心理上的压抑便会自然减轻或消失。

人们在紧张的生活中，常常对大众面前的自我缺乏信心。他们疑虑、紧张，怕言行不当而损坏了自己的形象，有的人甚至天生有一种对权势的畏惧感，而幽默的力量则有助于你消除羞怯的感觉，并能加速事业的成功。

❤ 投资幽默收益大

日常生活中，我们可以投资金银珠宝，可以投资房地产，可以投资实业。然而，在种种投资中，幽默绝对是获得快乐的能够增值的投资。它不会因为时运不济而一败涂地，进而坠入痛苦的深渊；也不会随着市场行情波动，心里忐忑不安。懂得幽默，以幽默践行人生，你的生活就永远不缺少快乐，永远不缺少笑声。

萧伯纳崭露头角以后，法国著名雕刻艺术大师罗丹曾为他塑过一次雕像。

几十年后的一天，萧伯纳把这尊雕像拿出来给朋友看，并说："这件雕像有一点非常有趣，就是随着时间的推移，它变得越来越年轻了。"

萧伯纳是一个卓有成就的剧作家，同时也是处处流露出幽默感的人，从某种程度可以说，看似平凡的幽默习惯锻造了他不平凡的人生经历。

其实，说幽默是最保值的快乐投资，不仅是因为幽默能够带给自己快乐，还因为它同时能给予别人快乐，是一种利人利己的方式。给予本身又是快乐的另一来源，送人玫瑰，手有余香。为别人带来快乐的同时，我们自己也会处于快乐的包围之中。快乐是可以分享的，你给别人带来了快乐，你分给别人的东西越多，你获得的东西就会越多。你把幸福分给别人，你的幸福就会更多。但是，如果你把痛苦和不幸分给别人，那你得到的也只能是痛苦和不幸。生活中你如果整天以愁眉苦脸待人，那别人会以同样的面孔对你，你会看到了更多的愁容；相反，如果你以幽默待人接物，时时笑脸相迎，你会看到更多的笑脸，你的快乐心情就加倍了。

两个人一起谈天。一位抱怨道："这些天，我每夜都让蚊子叮咬得睡不成觉，真让人烦透了。"

"我倒有个好办法，您不妨试试看。"

"什么办法呢？"

"每晚临睡前，您一气儿喝上六大杯威士忌，这样，上半夜您昏昏沉沉的，根本感觉不到蚊子的叮咬。等到下半夜，那些蚊子准也会昏昏沉沉的，它们根本不会再去叮咬您。"

一席话，说得两个人都哈哈大笑起来。

这个小故事给我们一点启示，那就是幽默是生产快乐的永动机，拥有

幽默心态，你就能够为自己、为别人制造出更多的幽默，让生活充满温馨和亮色，让生活质量和幸福感有所提升。

人生如演戏，生活如戏台，芸芸众生又如戏中傀儡。如能看破人生的严肃面，自然能以比较轻松的态度应付人生。幽默感正是从这种轻松的生活态度中自然流露出来的。

总之，培养自己的幽默心态，给心灵投入幽默的因子，它将让你不仅收获快乐，还会收获幸福，收获成功，收获健康，收获长寿！无论岁月怎么转变，只要有幽默相伴，你就拥有了生活中最大的一笔财富。

自然天成生妙趣

幽默的表达贵在自然天成，随便一句普通的话也能使人感受到一股的幽默意味缓缓而来。

幽默是一种心理体验，通过言行外化而引人发笑。我们不妨先看下面这个例子：

> 家里什么也没有，夫妻俩已三天没吃东西了。两人商量，决定把家里一只养了一年多的叫"比利"的狗杀掉充饥。
>
> 当夫妻两人坐在桌旁吃完了比利的肉，收拾桌子时，丈夫对妻子说：
>
> "如果把这些骨头给比利的话，它会多高兴呀。"

这个幽默对丈夫和妻子都是一种心理体验。丈夫的表达反映了其自嘲自慰、益然生趣的开脱精神。妻子听了以后心里当然是苦涩的。但他们都不因为生活的艰难而沮丧不已，而是会心一笑，以微笑来体现自己品味生活艰难的韧性和乐观。

幽默的心理体验是通过言行公之于众的，因此表达幽默有有声语言、书面语言、体态语言等手段。

幽默的表达贵在自然，某些有做作痕迹的幽默虽然也能激起人们的兴趣，但给人留下的感觉并不怎么好：人们会认为这些装模作样的幽默不过

是在哗众取宠。

因此，富有幽默感，秉持着幽默禀性对于每个人是多么重要。没有这种素质的人一旦意识到幽默的重要性，必然会铤而走险，硬行施展生疏的幽默技法，结果当然很差，给人们的感觉简直与拿腔拿调、忸怩作态的小丑无异。

幽默的自然性是和动作、姿态、表情的自然性融为一体的。

在一次激烈的战斗中，拿破仑领导的法军打退了敌人最后一次疯狂进攻。通信兵前来报告："敌人正在撤退！"

拿破仑马上不加思索地纠正道："不，敌人正在逃跑！"

从拿破仑那威严的表情和斩钉截铁的口吻中可以知道，他没有也无心幽默，但这两句话关键词语的换置却表达出了丰富的幽默内涵。

保持冷静的头脑，临场应变从容镇定，不慌不忙，如此才能妙语惊人，产生具有生命力的幽默。

事事都求"自然成文"为好，幽默也是如此。有准备的幽默当然能应付一些场合，但难免有人工斧凿之嫌；临场发挥的幽默才更显技巧，更见风致。

俄国学者罗蒙诺索夫生活简朴，不大讲究穿着。有一次，有位衣冠楚楚但又不学无术的德国人，看到罗蒙诺索夫衣袖肘部有一个破洞，便指着那里挖苦说："在这衣服的破洞里，我看到了你的博学。"

罗蒙诺索夫毫不客气地回敬："先生，从这里我却看到了另一个人的愚蠢。"

德国人借衣服的破洞小题大做，贬损别人，反映了他的无耻和恶劣的品质。罗蒙诺索夫抓住这点，机敏地选择了与博学相对的词语"愚蠢"，准确地回敬了对方，使对方自食其果。

临场发挥是一种技巧，更是一种心智，它需要我们有冷静的头脑，保持从容镇定，不慌不忙。在各种晚会、文艺演出中，许多主持人、演员能够临场应变，妙语惊人，给晚会欢乐气氛推波助澜，也赢得了观众的掌声和喜爱。

美国著名的主持人穆哈米曾主持了一场晚会，这场晚会并没有其他节目，只是穆哈米和协助他主持晚会的几个文艺界著名人士在台上进行幽默机智的问答，而台下的观众始终兴致盎然，笑声、喝彩声不断，气氛十分热烈。下面我们看看穆哈米与明星雷利的一段对答。

鬓发斑白的艺坛老将雷利拄着拐杖，步履蹒跚地走上台来，很艰难地在台上就座。看到这样一个老人，让人很自然地为他的身体担心。所以穆哈米开口问道：

"你还经常去看医生？"

"是的，常去看。"

"为什么？"

"因为病人必须常去看医生，这样医生才能活下去。"

此时台下爆发出热烈的掌声，人们为老人的乐观精神和机智语言喝彩。

穆哈米接着问："你常去医药店买药吗？"

"是的，常去。这是因为药店老板也得活下去。"

台下又一阵掌声。

"你常吃药吗？"

"不。我常把药扔掉，因为我也要活下去。"

穆哈米转而问另一个问题："嫂子最近好吗？"

"啊，还是那一个，没换。"

台下大笑。

有幽默品质的人善于拨动笑的神经，在满足中获得前进的动力，绝不在抱怨中消弭自己的进取心。幽默是一种修养、一种文化、一种艺术、一种润滑剂、一种兴奋剂，日常生活需要幽默。

在现实生活中，很多人习惯于让一些微不足道的小事造成不愉快的心境，心绪烦躁，往往又不自觉地去反思，去自责，于是心理失去平衡，或闷闷不乐，或郁郁寡欢，或牢骚满腹，或大发雷霆。以这种焦躁情绪待人处世，生活氛围将被弄得更糟，从而产生一种恶性的情绪循环。

其实，只要拥有幽默品质，就不会这样，生活将充满温馨的阳光。面对喝下的半瓶酒，悲观者会说："半瓶完了。"而乐观者则会说："还有半瓶。"幽默的人在满足中获得前进的动力，绝不在抱怨中消弭自己的进取心。

德国著名将领乌戴特将军患有谢顶之疾。在一次宴会上，一位年轻的士兵不慎将酒泼到了将军头上，全场顿时鸦雀无声，士兵也悚然而立，不知所措。

这时将军拍着士兵的肩膀说："兄弟，你以为这种治疗会有作用吗？"

全场顿时爆发出了笑声。人们紧绷的心弦松弛下来了，将军也因他的大度和幽默而显得更加可亲可敬。

幽默总是给生活注入润滑剂，能令彼此之间盈溢着笑声，从而其乐无穷！

让幽默做身心的保健医生

♥ 笑是健康的灵药

斐迪南曾经说过："幽默的伟大社会功能在于精神治疗作用。它揭示人类状况的喜剧性——哀伤性而使得我们和那状况暂时协调起来，而不至于引起我们的自满、倦怠，或者其他消极感情。"

作为激发笑的元素的幽默，在现代生活中能给奔波忙碌的人们带来笑声，带来欢乐，进而驱散愁苦，抚平创伤，使现代人身心健康。关于这一点，古代人们就已经知晓并广泛应用了。

法国著名小说作家拉伯雷在里昂行医时，常向自己的病人说笑话，朗读小说中喜剧性的篇章，他的小说作品如名著《巨人传》等即是为这样的医疗目的而创作的。

在 18 世纪，有个红衣主教患重病将死，已经绝望，这时，他养的猴子穿起了主教的衣帽，学他的样子，逗得主教哈哈大笑，于是病情竟然逐渐好转，从而挽救了他的性命。这类记载很多，说明了笑具有治疗疾病的妙用；而现代医学的研究进一步证明笑确是健康常在的灵药。

笑，重要的是能解除紧张的情绪，对人的中枢神经系统起良好的调节作用，从而影响到内分泌和全身各种机能的改善。所以笑对于因现代生活的紧张而引起的各种疾病，如高血压、心脏病、溃疡病、甲状腺机能亢进及其他疑难杂症，都有明显的治疗作用，甚至于药到病除，妙手回春，创造奇迹，其作用简直可以与灵丹妙药相媲美。

　　老师："你能不能举例解释一下。什么叫欺骗？"

　　学生："老师，如果您不让我通过考试就是欺骗。"

　　老师："为什么？"

　　学生："根据法典，进行欺骗的人就是利用他人的无知，使其受到损害。"

　　近年来，美国人创立了一种"笑学"，用科学方法专门研究笑对人体的影响及其作用。洛杉矶的一家医院规定病人每天要笑15分钟。加利福尼亚州的几个老人院里，患慢性病的病人有计划地接受"幽默药物"治疗。他们定时阅读笑话书、喜剧性作品、看漫画、喜剧电影与录像等等，病情有了明显好转。

　　如果说古代红衣主教的"绝症"不治而愈对于我们来说还较为模糊，那么现代生活中的例子就清楚明确多了。美国《星期六评论》编辑卡钦斯，早年患了一种脊髓性感觉缺失症，整天难以入眠，十分痛苦，医生说他生存的机会只有1/500。他打针吃药，总不见效，于是就每天看幽默书刊，欣赏喜剧性的电影、戏剧等表演艺术。经过一段时间的"笑剂"治疗，他感觉很好，似乎有麻醉剂在起作用一样，竟可以安静地、毫无痛苦的睡上两个小时。于是病情不断减轻，身体渐渐好转。这样经过几年"笑的治疗"，竟神奇地恢复了健康。这就使他对"笑药"产生了牢固的信念：持之以恒就能创造奇迹。

　　据科学研究，笑能刺激大脑产生一种激素——茶酚胺，这是人体内自造的天然麻醉剂——内生吗啡。这种激素有良好的镇痛作用，可以消除各种病痛而没有什么副作用。笑可以帮助人们从紧张的事务和沉重的思想负担下暂时解脱出来，使人感到精神快慰，这就可以治疗顽固性失眠，以至一些严重精神疾病。

　　心病只有心药医，笑为心药，使人心情愉快，就能使心病不治而愈。笑药治疗心病是很见效的。

　　美国有个患精神分裂症的女孩，有一次去拜仿一位喜剧丑角演员，听他说了不少笑话，看他进行各种喜剧表演，印象颇深。回家之后，仍一遍遍地呼唤他的名字。最后竟出乎意料之外地恢复了清醒的意识，战胜了精神分裂症。我们也知道，癌症与心情郁闷关系甚大，一些癌症患者，用笑药摆脱了苦恼，也缓解了病情。

如今"笑药——笑剂"已逐渐被越来越多的医生和病人所使用。这是一种神奇的灵药。它可以使病人在精神上、身体上慢慢好起来，与营养、药物和其他疗法相配合，甚至可以治疗一些疑难的绝症。这已被中外许多事实所证明。

现代生活的紧张节奏，落寞人情使得忧郁症、精神分裂症等心理疾病患者日渐增多。如果仍旧存活于狭隘、偏执、斤斤计较的环境中，势必会造成诸多疾病，结束苦短的一生；如果能够做到豁达、乐观，能够利用生活所给予的每一个机会发挥一下自己的幽默力量，那就会使欢笑充满自己的生活，使自己的身体经常处在健康状况，使自己的心情始终保持舒畅。

虽然人生自古皆有一死，但同是一死，其意义却有所不同。有的人一生五颜六色，热热闹闹，其死是生活的缺憾；有的人一生刻刻板板、冷冷清清，其死是缺憾的生活的终结。社会已经发展到现代文明的时代，人人都有理由自自在在、真真切切地过一生，人人都有权利选择轻松、明快的生活方式，因而人人都希望自己的身心健康，都希望自己的一生少患病。而幽默，这一激发笑的元素将在很大的程度上帮助人们达到他们各自的目标，完善各自的人生。

♥ 最好的安慰方式

生活中，常常会遇到朋友处在精神低谷，也许是生病、失恋、失业、丢东西等不愉快的经历，这给他们带来了精神压力，作为朋友，我们有义务把他从低谷中解救出来，这就是对朋友的安慰。安慰的技巧是我们每个人都应该掌握的，幽默作为最有效的一种安慰方式更是我们每个人需要学习的。

我们常会遇到朋友生病的情况。生病的人最需要安慰。而安慰病人也确实有些讲究。说些善意的祝愿："好好休息吧，你不久一定会康复的!"或直接询问病人的详细病状和调治方法，都太俗套，对于缓解病人的心理压力起不到太大的作用，不能算是有效的安慰。那么，应该怎样给生病的旧友很好的安慰呢？你可以试试以下的说法：

> 如果朋友的病情不是很重，情况比较稳定，没有大碍时，你可以说，"你多么幸运啊，我也想生点小病，借机请假好好休息几天，能舒舒服服在床上看看书，多么惬意呀。"

类似这种用幽默的语言安慰病人，从不幸中找幸运，往往能让生病的人心理放松，使安慰发挥良好的效果。

如果对象是一些久病或者病情比较严重的朋友，那这种劝法就不太合适了，因为此时病人更需要鼓励和信心。我们来看看以下这位朋友是如何安慰他的老友的。

有人去探望一年中因旧病频频复发而第五次住院的老朋友，看到老友憔悴的面容、呆滞的表情，他感到自己必须要鼓励朋友战胜病魔，重返健康。于是他以自己战胜病魔的经过，作了一段风趣的现身说法：

> "这家监狱（医院）我可是非常熟悉，这因为我曾经是这里的'老犯人'，被'关押'在这儿大概有 6 个月呢，对这里的各种'监规'我可是了如指掌。但是我'沉着应战'，毫不气馁。那时，我每每自己担着输液瓶上厕所，都被病友们笑称是'苏三起解'；有时三五天吃不下饭，就直接跟医生说我要'绝食抗议'；有时难受得我接连几天睡不着觉，我就干脆在床上'静坐示威'。我就这样'七斗八斗'地坚持了六个月，终于得到了'解放'。你看现在'刑满释放'的我多么神采奕奕！你可得向我学习，可不能被'五进宫'吓怕了，坚持住，只要像我这样'不断斗争'，很快就会大获全胜!"

这番激情四射的鼓励之词说得老朋友和同室病人都乐了，大家的心情也都轻松起来了，病情也似乎感觉轻了几分。

有时候，看望病床上的朋友不一定非要一本正经地去"安慰"，说个小幽默逗他一笑或许也是不错的选择，能让朋友苍白的医院生活增加一丝生气。

在一个冰天雪地、狂风大作的冬日里，有个人去探望他生病的朋友，路上滑倒多次才好不容易到了朋友那儿，冻得直发抖。

"到这儿来可怕极了。"他说道，"事实上，我每次向前迈一步，就滑回去两步。"

"那你究竟是怎么走到这里来的呢？"朋友追问道。

"我到不了这儿，生气地骂了声'鬼天气'，就转身往回走了，结果就到了你这儿。"

听到这，生病朋友被逗笑了，忘记了病痛，糟糕的心情也得以缓解。幽默的安慰总是能让朋友解除失意时的压力，把他们从个人的痛苦中拉出来，把坏心情赶走，使他们重新振作精神，脱离许多不愉快的窘境。

一个人来朋友家串门，不小心将朋友家的鸡轧死了。他赶紧下车，满脸愧疚地问这家的主人："这鸡是你家的吗？"

主人回答："别难过，虽然一切都很像，但我家的鸡没这么扁。"

有时候，朋友陷入绝境，在看不到希望、迷茫的时候，不要忘记用幽默的语言来调侃，此时的幽默有时比万两黄金更让人为之振奋。

船沉了之后，两位遇难者在海面上漂流。

他们之中的一个费劲地说："嘿，陆地一定离我们很远。"

"不。"另一个说："最多不过五米。"

"什么，你疯了，你是说只有五米？"

"对，但我的意思是往下最多只有五米！"

运用幽默的安慰手段，能助你时时控制自己的情绪，保持心理的平衡。让幽默这种特性，引发喜悦、带来欢乐，以笑来代替苦恼，帮自己和他人超越痛苦。

随着现代生活节奏的加快，人们的精神压力也越来越大。其实，生活中的那些小事我们不必太紧张，有时更需要轻松的心情和冷静的头脑，担心不如宽心，穷紧张还不如穷开心。对于那些"原本无事，庸人自扰"的朋友，你不妨也用此法来安慰他们。

> 刚刚七岁的小约翰十分调皮，洗澡时不小心吞下一小块肥皂，这下可惊动了全家人，妈妈赶忙慌慌张张地打电话向家庭医生求助："医生，你能不能马上赶过来，我的孩子刚才不小心吃了一块肥皂，我猜想他一定会中毒吧。"
>
> 医生听到后答应立即前往，五分钟就到。尽管如此，惊慌失措的妈妈还是不放心，担心地问医生说："在你来之前，我该做什么？"
>
> 医生说："如果你一定要做点什么的话，就给他喝一杯白开水吧，然后让他用力跳一跳，你就可以让小约翰用嘴巴吹泡泡消磨时间了。"

对于年龄的困惑、生意失败的烦恼、事业坎坷的压力，对于朋友遇到的一切不愉快，我们都可以劝他们这样幽默地对待，与他们一起走出人生的低谷。

♥ 最佳精神按摩师

幽默是最具效用的精神按摩，能有效地帮助患者松弛紧绷的神经。1979年，美国著名心理学家诺曼·卡辛斯首次向全球医学界提出了"将幽默作为心理病人减压的方法"的观点，并且开始付诸实践，成立了幽默研究专家小组。他认为，既然人们都承认消极的精神状态会对人的健康造成不良影响，那么，反过来也是成立的，积极的精神状态能对心理起到按摩的作用。通过一系列的心理测试，他们在证实这种推断的同时进一步指出，幽默的确是一种非常有效的精神按摩手段。随后，他们还援引了法拉第的经历说明这一问题。

　　著名科学家法拉第年轻时，由于工作十分紧张，导致精神失调，患上了精神抑郁症，情绪十分不稳定，虽然长期进行药物治疗却毫无起色。后来一位名医对他进行了仔细的检查，但未开药方，临走时只说了一句话："一个小丑进城胜过一打医生！"法拉第对这句话仔细琢磨，终于明白了其中的奥秘。从此以后，他经常抽空去看马戏、滑稽戏和喜剧，经常高兴得开怀大笑，渐渐地，他的精神状态得到了康复。

　　研究人员指出"一个小丑进城胜过一打医生"的玄机就在于，医生的作用往往是靠药品治疗身体疾病，而小丑的作用是利用幽默的语言、滑稽的动作制造笑声给精神按摩，起到舒缓紧张神经的目的。

　　我们都熟悉那个永远是乐呵呵的大肚子弥勒佛，他的哲言是：大肚能容，容天下难容之事；笑口常开，笑世上可笑之人。我们应该学学这位乐观的智者，在我们遇到令我们烦恼的事或人时，不妨笑一笑，或来点幽默，不要把它看得太严重，总之，不要自我折磨，自寻烦恼。

　　在生活节奏高度紧张的今天，由于压力太大，很多人都处于严重的亚健康状态，精神状况不容乐观。他们容易疲劳，多梦，精神衰弱，外部世界微不足道的变故也有可能导致他们精神崩溃。他们渴望放松，需要心理按摩！然而，让他们倍感苦恼的是，又不可能长期求助于心理医生，因为这一方面需要占用宝贵的时间，另一方面需要支付不菲的治疗费用。面对如此棘手的问题，患者该何去何从呢？

　　正所谓"踏破铁鞋无觅处，得来全不费工夫"，只要把目光拉回来，谁都可以从身边找到，心理按摩师，那就是幽默，虽然，幽默替代不了心理医生，也替代不了药物，但不可否认的是，他是一位优秀的精神按摩师——当你感到疲劳时，她会驱赶走你的劳累；当你心绪烦躁时，她会让你变得平和；当你异常紧张时，她会让你的神经得到松弛……

爱笑的人最健康

　　幽默大师林语堂曾意味深长地说："我很怀疑世人是否曾体验过幽默的重要性，或幽默对于改变我们整个文化生活的可能性——幽默在政治上、在学术上、在生活上的地位。它的机能与其说是物质上的，还不如说是化学上的。它改变了我们的思想和经验的根本组织。我们须默认它在民族生活上的重要。没有幽默滋润的国民，其文化必日趋虚伪，生活必日趋欺诈，思想必日趋迂腐，文学必日趋干枯，而人的心灵必日趋顽固。其结果必有天下相率而为伪的生活与文章，也必多表面上激昂慷慨、内心上老朽霉腐，五分热诚，半世麻木，喜怒无常，多愁善感，神经过敏，歇斯底里，夸大狂、忧郁狂等心理变态。"

幽默力量能增进你的自我了解，还可以重振你的自信心，使你能自由表现自己，并且增进你处理日常生活中情绪起伏的能力，甚至，幽默力量还帮助你把握今天，以笑面对现实，而不沉浸在过去的哀痛和忧愁中。

萧伯纳说过："幽默的定义是不能下的，这是使人发笑的一种元素。"而有谚语又说："最能笑的人最健康！"

前联邦德国曾经建立了一个"笑的协会"，其宗旨是通过笑来增强人的体质，陶冶人的心灵，其实质上是一个进行笑的运动的体育俱乐部。

这个笑的协会定期举办笑的比赛，比赛项目有好几种，如"规定笑"、"自选笑"、"短时间笑"、"长时间笑"以及"大笑"、"冷笑"等等。

据仪器测定，笑可以使全身许多肌肉（包括内脏和四肢的肌肉）得到运动，对全身各种器官都有特殊的锻炼作用。笑可以使人自觉地进行深呼吸，使神经、肌肉、骨骼和关节得以放松。人们每大笑一次，横膈膜约蠕动18次。横膈膜有节奏的运动，可使胸腹部许多器官，如心、肺、肝、胆、胃、十二指肠乃至大小肠都得到锻炼。当然，最重要的是，笑可以使脉搏与神经系统趋向正常。这是因为笑排除了外界对人的种种严重干扰，从而大大加强了中枢神经系统的自动调节机制之故。

人的中枢神经系统是一部完全自动化的调节控制系统，它统一支配着全身各器官的活动。正是因为各种外界不利因素对人的干扰才引发了各种病痛，而病痛又影响中枢神经进一步失调，如此恶性循环，使人的身体愈来愈坏。

笑，就是用于中断这种恶性循环的强有力的手段，它能快刀斩乱麻，排除种种干扰，使中枢神经系统恢复正常的调节功能，重新正常地指挥、

协调全身各系统各器官的工作。所以，笑可以有助于消化，促进循环，清除呼吸系统的异物，从而大大增强抗病能力，使人的精神振奋，健康水平和工作效率都大为提高。

关于幽默的妙用，傅连暲在其《养生之道》一书中说到："精神愉快可以使工作时头脑清醒，不至于抓东忘西，可以增进食欲，不至于愁肠满腹，难以下咽；可以使睡眠安稳，不至于辗转反侧，夜长梦多。"

笑不但有助于人的生理的健康，而且可以使人获得心理上的健康；不仅可以增强体质，而且可以活跃脑细胞，促进思维能力的改善，治疗健忘症，这是条件反射的发现者巴甫洛夫的研究结论。他说到："愉快可以使你对生命的每一跳动、生活的每一印象易于感受，不论躯体和精神上的愉快都是如此，可以使身体发展，身体强健。"

昂里埃特·比肖妮耶说过："同艺术一样，幽默也是一种疗法。人们应该提高它的地位，对幽默家应该像对医生一样鞠躬敬礼。"

过分的激情和过度的严肃都是错误的，两者均不能持久。人必须维持幽默感，幽默感对维持积极的希望最有帮助，即使是身心再健康的人也有失望和忧郁的时候，如果能够用幽默取代失望，伤痕和压力很快就会过去，而再度恢复到健康的高峰。

胡夫兰德在《人生延寿法》一书中指出："最使人短命夭亡的，就要数不好的情绪和恶劣的心境了。如忧虑、颓丧、惧怕、贪求、怯懦……"

因此，要想健康长寿就必须摆脱各种忧虑和烦恼，这就需要幽默的力量，需要笑的帮助。德国古典哲学大师康德是一位长寿老人。但他早年时身体却很不好，常常卧病在床，精神忧郁，身心异常痛苦。后来，他从斯威夫特·伏尔泰、菲尔丁等幽默大师们的作品中懂得了"人是能笑的动物"，于是又从德国民间笑话、滑稽故事中汲取了乐观向上的精髓，学会了幽默、风趣甚至俏皮，根除了多疑症，从此生活在一种轻松愉快的精神状态中。

康德的学生赫德尔回忆说："他在自己成熟时期所具有的那种乐观情绪和朝气，毫无疑问，一直保持到他的迟暮之年。……他非常善于运用诙谐、警句和幽默，而当人们哄堂大笑时，他却保持严肃。"

康德的名言是："情绪上的乐观使人长寿。"这不仅是个人的经验之谈，也是人们所普遍公认的长寿秘诀。

增强免疫力妙方

英国哲学家罗素说："笑是最便宜的灵丹妙药。"医学研究也表明，欢笑在增强人体免疫力方面的确有独特功效，从而印证了哲人的观点。

美国洛马林达大学医学院的两位免疫学专家伯克和斯坦利发现，人在笑的时候能够促进体内有益细胞的运动，从而抵御由压力引起的免疫力下降现象；哈佛大学的洛克博士发现，人类如果对不断变化的生存环境不能适应，并因此导致压力太大、焦虑过度等精神状态，其体内有益细胞的数量就会大量下降，而那些面对恶劣环境仍能保持乐观心态的人，体内有益细胞的数量基本没有变化；俄亥俄州立大学医学院的医学专家们曾对面临期末考试的学生做过大规模的免疫系统功能实验，得出了类似结论，他们认为笑口常开可以防止传染病、头痛、高血压，可以减轻过度的精神压力，因为欢笑可以增加血液中的氧分，并刺激体内免疫物质的分泌，对抵御病菌的侵袭大有帮助。而不笑的人，患病几率较高，而且一旦生病之后，也难以痊愈。耶鲁大学心理学教授列文博士认为笑表达了人类征服忧虑的能力，笑能使肌肉松弛，对心脏和肝脏都有好处……

由于幽默是使人发笑的最简单、最常见、最有效的方式，因此许多学者进一步提出了"幽默免疫学"的理论。也许是历史的巧合，翻开语言发展史，人们惊奇地发现，在中世纪的欧洲，"幽默"一词竟然就是指的人体内的一种特殊的液体，当时的人们普遍认为它能够影响人的身心健康。只是随后的几个世纪里，尽管人们相信幽默与人的精神健康有某种不可分割的联系，但真正将幽默作为心理学课题加以研究，却是近些年的事情。

随着众多研究成果的涌现，"幽默免疫学"成为新崛起的"精神免疫学"学科的重要组成部分，同时也在世界掀起了一股"幽默免疫"的浪潮，出现了许多的铁杆儿实行者。

地点：印度孟买的很多公园。

时间：每天清晨。

事件：欢笑晨练——众多的男女老少站成一圈，然后通过包括幽默故事在内的各种手段诱发大家哈哈大笑。

通过这个小镜头，我们不难发现，"幽默免疫"正在深入人心。国外有句民谚，大意是说："快乐的微笑是保持生命健康的唯一药方，它的价值是千百万，但却不要一分钱。"中国民间也有两句谚语：笑一笑，十年少；笑口常开，百病不来。所以，当你没有富裕的时间走进健身房时，当你渴望获取一种廉价而没有副作用的免疫方法时，从生活发掘笑料，多制造幽默、多开怀大笑，绝对是一种不错的手段。

苦闷之夜的光芒

人生在世，不如意事十有八九。人人都会碰到不顺心，不愉快的事情，如不能及时正确的加以解决，就会积郁成疾，腐蚀健康的肌体，产生各种病痛。为了人生多一份欢乐，少一些愁苦，人们往往求助于幽默，求助于欢笑。

笑是苦闷之夜的一道光芒，是茫茫夜海中的一盏明灯。幽默大师契诃夫曾经说过："忧郁的人，忧郁病患者，写起文章来总是很快活。笑可以使人乐观地对待现实，帮助人们更好地适应环境，处理好各种事情，从而大大增强人们的体质，使人长寿。"并且他对幽默在生活中的运用非常重视，他曾经说过一句名言来表达幽默的重要性："不懂得开玩笑的人是没有希望的人！这样的人即使额高七寸——聪明绝顶，也算不上真正的智慧。"

科瑟尔在一家精神病院中调查了那里的病人和工作人员开玩笑情况。她发现，幽默可以对参与者发挥很多作用，其中包括彼此重新解脱自己的感受，娱乐，消除疑虑和帮助交谈等，幽默还可以传达参与者的互相关心，使他们结成集体并加强集体的组织。

幽默起着一种完美的社会作用，它作为一种来自他人并可供共享的经验，有利于促成退化，进而减轻焦虑的心理。

由此可见，笑话可起到掩饰受压抑愿望的作用，这种愿望可在笑话中悄悄流露出来而不会受到严厉的责难。实际上，若用思索去揭穿掩饰，幽默也就不复存在了。解释笑话就等于糟踏笑话。

中国有句古谚："笑一笑，十年少。愁一愁，白了头。"幽默在现代生活中发挥的作用就如同空气中氧气那一类东西所发挥的妙用一样，它能保持人类的欢笑。

我们从《圣经》上，从人类历史上和人的本性上，都可看出幽默力量能增进我们的健康。所罗门王告诉我们："心中常有喜乐，恰如身体常保健康。"而古罗马人相信笑是属于餐桌上的，因为笑能促进消化。

我们在现代社会中会有许多烦恼，就像我们也有许多欢乐一样。每个人都可能为其在人生中所扮演的角色而烦恼；但是只要留心那些具有幽默力量的成功者所说的话，并用它来减少自我的重要性，这些烦恼也就可能会烟消云散了。

人生种种烦恼，多是因善于恕己而不肯恕人的自寻烦恼造成的。而人生在世，若想快乐，若想青春永驻，只有责己；若想寻烦恼，若想百事缠身而难以解脱，只有责人。换一句话说，人若向自己吹毛求疵，人品必日高，学识必日进。而人若向别人吹毛求疵，人品必日低，学识必日退。

幽默是思想、学识、智慧和灵感在语言中的结晶，是瞬间闪现的光彩夺目的火花。这种如炬的火花能烧掉所有的不快，所有的烦恼，所有的不如意；它是照亮人生灰暗的一缕光明，是上帝播下的减缓人类痛苦的火种。

幽默是养生法宝

挪威科学技术大学医学院研究员斯文·斯维巴克经过对大约5.4万名挪威人进行长达7年的跟踪调查后，在匈牙利首都布达佩斯举行的一个心身学会议上发表了一份报告。报告称，拥有幽默感的成年人比缺少幽默感的人往往更加长寿，这种现象在癌症患者身上尤为明显。斯维巴克说，研究一开始，他们先让患者填写调查问卷，问题包括他们在现实生活中发现幽默的容易程度以及幽默视角的重要性等。后来，通过跟踪调查，他们发现幽默感在患者生活中发挥的作用越大，他们7年间生存下来的概率就越高。

在被调查对象中，排在最具幽默感前 1/4 的成人，生存下来的概率比排在后 1/4 的成人高出 35%。斯维巴克着重调查了癌症患者。结果表明，在 2015 名研究开始时就被确诊为癌症的受访者中，极具幽默感的人与缺乏幽默感者相比，死亡概率低大约 70%。

为什么会出现这种结果呢？

专家们给出了解释：具有幽默感的人往往更加乐观，在某一时间内发笑的次数更多。笑是一种精神保健操，3 分钟的笑，能够代替 15 分钟的体操。笑可以使人的呼吸运动加深，肺脏扩张，吐故纳新；可以使人胃的体积缩小，胃壁的张力加大，位置升高，消化液分泌增多，消化功能增强；可以使人的心跳加快，血流速度加快，面部和眼球血流供应充分，使人面颊红润，眼睛明亮，容光焕发。笑还是一种天然的镇静剂，欢笑能刺激脑部产生一种使人兴奋的荷尔蒙。它一方面能促使身体增加抵御疾病的能力，另一方面还能刺激人体分泌一种名叫"因多芬"的物质，这是人体自然的镇静剂，它能起到缓解人的紧张情绪，焕发精神，消除疲劳等作用。

所以，幽默是一种理想的养生方法，对人保持阴阳调和，身心健康延年益寿都能起到无可替代的作用。

对于幽默养生的描述，我们从古代医书中也能够窥见端倪。古代养生家曾指出："神强必多寿。"中医也有"药养不如食养，食养不如精养，精养不如神养"和"养生必先养神"的说法。所谓养神，主要是指注意精神卫生。要做到安静调和，神清气和，胸怀开阔，从容温和，切不可怨天尤人，急躁易怒。另外，清代著名医家石天基的《祛病歌》，也道出了保持快乐心态对于养生的莫大益处：

人或生来气血弱，不会快活疾病作。

病一作，心要乐，心一乐，病都祛。

心病还将心药医，心不快活空服药。

且来唱我快活歌，便是长生不老药。

自古以来无数事例表明，心胸狭窄、斤斤计较的人，能过古稀之年者不多见，而胸怀开阔、幽默豁达者往往可享高寿。这就足以表明能让人开怀的幽默确实是养生养神的好办法。

不过，养生家同时谆谆告诫："喜伤心，怒伤肝，思伤脾，悲伤肺，恐伤肾。"从养生的角度来讲，人们要善于遵循古训，控制情绪，修德养性，少悲怒忧恐，多幽默而不狂喜，从而最大限度地达到养生的目的。

用幽默捍卫心灵

心理防卫机制是指人们应付心理应激造成的压力，适应环境而不知不觉地使用的一种策略。它能够帮助一个人在心理上受到挫折或出现困难时，实施自我保护。虽然，心理防卫机制对现实存在的问题并不能够真正地解决，往往带有一种"自我欺骗"的性质。但确实能够减轻人们由于心理压力或挫折而引起的紧张不安，焦虑和痛苦。所以，它被认为是一种正常且健康的心理现象。

幽默即是一种积极成熟的心理防卫机制。

所谓幽默机制，也称缓冲机制。当人处于难以改变的困境时，可以用说个俏皮话，开句玩笑的幽默办法得到解决，使紧张的情绪在笑声中消散，使即将发生的冲动在幽默中缓解。幽默不但可以化解困境和尴尬的场面，使被动的处境得到改变，而且可以赋予生活以情趣和活力。幽默是一种良性刺激，特别能调解人的不良情绪，而且回味深长，每次回忆都有愉快感。更重要的是，幽默的心理防卫机制能够让人避免陷入心理盲区，产生心理障碍。

某年夏天，天气十分炎热。在一个傍山而建的葡萄园里，高高的葡萄架上悬挂着一串串晶莹剔透的葡萄，引诱了很多狐狸陆续前来打主意。

第一只狐狸来到葡萄架下；高喊着"下定决心，不怕万难，吃不到葡萄死不瞑目"的口号，一次又一次跳个没完，最后身体虚脱，累死在葡萄架下；

第二只狐狸来到葡萄架下，因为吃不到葡萄变得闷闷不乐、郁郁寡欢，不久因抑郁成疾而亡；

第三只狐狸来到葡萄架下，因为吃不到葡萄气得发疯了，整日疯疯癫癫，口中念念有词："吃葡萄不吐葡萄皮，不吃葡萄倒吐葡萄皮……"

第四只狐狸来到葡萄架下，因为吃不到葡萄心生绝望，心想："我连粒葡萄都吃不到，活着还有什么意义呀！"于是找根树藤上吊了；

第五只狐狸来到葡萄架下，因为吃不到葡萄便破口大骂，被园主听到，一棒子了结了性命；

第六只狐狸来到葡萄架下，因为吃不到葡萄便心生"我得不到的东西别人也别想得到"的阴暗心理，放一把火把葡萄园烧了，结果不小心引火上身，"自焚"而亡；

第七只狐狸来到葡萄架下，跳了多次仍吃不到。直馋得它的哈喇子流了一大片，不料它却笑了笑说："还没有吃到你呢，就酸得我流口水。吃到嘴里肯定更酸，不吃了，撤！"于是，它心安理得地走了。

这虽然只是一则虚构的寓言，却蕴含了深刻的道理；前6只狐狸由于吃不到葡萄，进而导致心理失衡，做出了把自己逼入绝境的行为，得不偿失；第7只狐狸则以幽默的心理防卫机制来应对，让自己全身而退。所以，第7只狐狸更狡猾更聪明，当吃不到葡萄而委屈沮丧时，就说葡萄是酸的，不好吃，心里也就不会那么难过了。

在我们的生活中，许多意料之外的事情会不期而至，让人心萌挫折感，大感不快，甚至异常痛苦。在这时候，利用幽默形式的心理防卫机制是明智之举，因为，一方面它能够减低情绪冲突，从自身内在具有危险的冲动中保卫自己；另一方面它是缓和伤感经验和情绪的感受，减轻失望的感受；最后消除个人内在态度与外在现实之间的冲突，协助个体保持其充实感和价值观。

谈笑风生减压力

在当今这个竞争异常激烈的社会里，上班族们的工作压力往往都比较大，往往使人机械化，而幽默能帮助你打破常规，享受创造的欢乐。

　　很多人日常面临的一个大问题是对自己在公众面前的"表演"缺乏信心。他们疑虑、紧张，怕自己因言行不当而损坏自己的形象，有的天生对强者有一种畏惧感，有的纯粹出于羞怯，这无疑阻碍人的发展。对这些人来说，有意识地接触有幽默感的人，有意识地阅读各类形式的幽默作品，培养自己的幽默感，有着重要的意义。

　　个性中的幽默特点足以使人对自己充满信心，无论年龄、地位如何，都能确信自己有权呼吸，有权占有一个空间，有权对任何事物作出反应。同时，幽默风趣的人必然有着轻松自在、光明正大的神情，这显然会使公众相信他是一个坦荡的、有能力的、靠得住的人。在这种情况下，怯弱便不复存在，至少它在人"表演"的时候无暇抬头。

　　人生是一场充满障碍的赛跑，虽然每个人面对的障碍有所不同，但心理都要承受不同程度的压力。轻者如持续几天的沮丧，重者则长期沮丧，甚至对任何事物都失去兴趣。这种压力诸如失去某个重要机会，失去某个重要的感情依靠对象，或是被某个对象遗弃等，于是产生无力自拔的失落感，其表现形态有悲哀、愤怒等。时间固然能医治心头的创伤，但"时间疗法"的副作用是在人适应失落的过程中消磨人的意志，最终除非出现大的生活转机，否则很难使人振作起来。

　　在这样的情况下，具有幽默感的人会较妥善地面对现实：一方面，幽默的性格能使他接受来自外界的任何慰藉；另一方面，幽默感会不时造成他与失落感的"短期脱节"；再就是幽默的心境能不断地把沉重的失落感宣泄出去，并逐步使生活重新变得有意义。

　　心理上的压抑可能由各种原因造成，可以是金钱，可以是感情，也可能是受辱，如果能处理好这方面的压力，那么压力有可能转化为动力，否则就会使人心烦意乱，失去工作积极性，压力就会成为阻力。因此，为了提高工作效率，使自己工作轻松一些，可以采取自我调节的方法来缓解一下工作压力。

　　马明一家人专门从事危险的行业，就是用炸药炸毁旧建筑。我们可以理解他们做这一行工作，心理上会有多紧张。但是马明一家人用幽默力量来消除紧张——常和当地记者聊天，说些荒谬的故事。

有一次在大爆破工作之前，新闻记者问他如何处理飞沙和残砾，马明一本正经地解释道："我们向一个生产包装袋的公司订制了一个特大的塑料袋，然后用直升机在大楼上空把它扔下来。"

记者为这虚构的笑话笑弯了腰。而第二天马明一家人从报上读到这一则新闻时，也爆发出阵阵笑声而松弛了紧张的心情。

幽默的语言可缓解人们在工作中的紧张情绪。用它来缓解工作压力，会比一些抽象的理论更奏效，显示出语言的最佳效能。有时候，与同事开开玩笑也能缓解工作中的压力。

有两个保险公司的业务员，他们争相夸耀自己的保险公司付款有多快。

第一位说，他的保险公司十次有九次是在意外发生当天，就把支票送到保险人手里。

"那算什么！"第二位取笑说，"我们公司在鑫鑫大厦的 23 楼。这栋大厦有 40 层高。有一天我们的一个投保人从顶楼跳下来，当他经过 23 楼时，我们就把支票交给他了。"

一个悲观失望的人来到海边打算自杀。可是，他刚跳下去，海浪又把他送了回来，一连几次都是如此。他到城里找朋友们说："世界上少了我可不行，不信，你们可以去跳海试试。"

从以上事例中可以看出，真正的幽默是从内心涌出的，它能解除人生的压力，提高生活的品质。它可以把我们从个人的痛苦中拉出来，使我们振作精神，脱离许多不愉快的窘境。

医生在填病人登记表。

"太太，您多大年龄了？"

"啊，医生，我忘记了。不过，您让我想想……我想起来了，我结婚时，是 18 岁。当时我丈夫 30 岁，现在他 60 岁，是当时的两倍。这样看来我也应该是 18 岁的两倍，也就是说，是 36 岁，对吗？"

商人叮嘱老婆，如果他做生意赔了本，就把屋子弄得灯火通明；相反的话，则只点一支蜡烛就行了。

"为什么这样呢？"老婆不解地问。

"我赔了本，其他人也该生气，"他解释道，"可让他们生气的惟一办法就是让他们看到我家灯火辉煌。"

"那你赚了钱呢？"

"如果我赚了钱，那我当然要让别的人也陪我高兴。我只点一支蜡烛，他们会认为我快要死了，一定会乐得跳起来。"

对年龄给爱美的女性造成的心理压力，对生意失败的烦恼，对事业坎坷的压力，我们都可以像这样用幽默力量来对待，这就能使我们的心理达到更高的境界，更有助于我们把事情办好。

幽默疗法治怪病

所谓"幽默疗法"，就是运用幽默手段让人发笑，获得精神上的放松，进而引发机体趋于良性的疗法。幽默疗法是一种重要的疾病治疗辅助方式。

如今，有些国家已经创立了幽默治疗学会，在幽默康复医院的餐厅里，播放笑星的录像，连餐桌上也有"每天一笑"之类的小幽默。在美国，一些大型医院开始雇佣"幽默护士"，让她们陪同重病患者看幽默漫画，或谈笑打趣。只要病人愿意接受这一辅助疗法，主治医生就会非常乐意地推荐幽默护士充当治疗师协助自己工作。同时，在临床上，幽默疗法也取得了不错的成效。难怪美国医生麦克耐尔曾经在做访谈节目时，这样表达自己对幽默疗法的认同和信心："我每天给病人开药、安排他们做高科技检查，但最让我有成就感的时刻，还是病人听了我的笑话后放声大笑的那几秒钟。"

对于幽默疗法的神奇，或许我们还可以从加利福尼亚大学教授诺曼的故事中分享。

诺曼教授40多岁时患上了胶原病，医生说，这种病康复的可能性只有1/500。于是，他接受了医生的建议，采用幽默疗法作为辅助治疗手段，以提

高康复的可能性。从此以后，诺曼教授经常看滑稽有趣的文娱体育节目，因为这些节目要么会让他会心一笑，要么会让他捧腹大笑。除了看有趣的节目，他平时还有意识地和家人开开玩笑。一年后医生对他进行血沉检查，发现指标开始好转了。两年以后，他身上的胶原病竟然自然消失了。为此，他撰写了一本《五百分之一的奇迹》，书中提出："如果消极情绪能引起肉体的消极化学反应的话，那么，积极向上的情绪就可以引起积极的化学反应……爱、希望、信仰、笑、信赖、对生的渴望等等，也具有医疗价值。"

由此看来，能够帮助诺曼创造五百分之一的奇迹的幽默疗法实在功不可没！看过这些，相信有不少饱受疾病折磨的同胞会对这种疗法开始神往！

实际上，虽然"幽默"二字在中国出现较晚，但幽默疗法并不是什么新鲜玩意儿。很早以前，先辈就发现诱人发笑能让人的身心放松，进而摆脱疾病的折磨。中医经典《素问·举痛论》记载的"喜则气和志达"，就是一个明证。当然，有这种先进的中医理论做指导，自然也不乏江湖名医成功运用"喜乐疗法"的案例。

金代名医张子和（约公元 1156 ~ 1228）曾采用使人发笑疏导法治愈了一个人的怪病。当时有个官吏的妻子，精神失常，不吃不喝，只是胡叫乱骂，不少医生使用各种药物治疗了半年也无效。张子和则叫来两个老妇人，在病人面前涂脂抹粉，故意做出各种滑稽的样子，这个病人看了不禁大笑起来。第二天，张子和又让那两个老妇人做摔跤表演，病人看了又大笑不止。后来张子和又让两个食欲旺盛的妇人在身边进餐，一边吃一边对食物的鲜美味道赞不绝口，这个病人看见她俩吃得津津有味便要求尝一尝。从此她开始正常进食，怒气平息，病全好了。

还有一个故事：传说我国清朝有位八府巡按，患上了疑难杂症，虽看过许多医生，都未见效。一天他因公坐船经过山东台儿庄，又犯起病来。地方官员即推荐一名当地有名的老郎中为他治病，郎中诊脉后说："你患了月经不调症。"巡按一听，顿时大笑，认为郎中是老糊涂了，医术根本谈不上高明，于是治病之事不了了之。此后，每当闲暇之余想起此事，他就忍不住捧腹大笑。奇怪的是，时日一长，他的病竟然不治自愈了。过了几年，巡按又经过台儿庄，想起那次荒唐的诊断，特意找来老郎中，想取笑一番。不料老郎中却说："你患的病没有什么良药可治。所以我当时只好运用古籍中提到的喜乐疗法，故意说你患了'月经不调症'，让你常发笑，达到治病的目的……"

从这两个故事中，我们不难看出，先辈早就掌握了幽默疗法的精髓，那就是通过各种手段使人发笑，从而让人心情愉快，帮助病人尽快康复。

幽默，对人的身心健康的妙用，并不是无往而不胜的。当然，无节制的大笑有时对体弱多病的人也会产生有害的作用。过分的大笑有时甚至会造成危险。这也就是生活中偶有发生的"乐极生悲"的情况。

有人中了大奖，顿时高兴地大笑了起来，嘴巴歪向一边，发音也含糊起来，原来是中风了。所以，患有严重高血压、心脏病的老人是不能突然剧烈地大笑的。

孕妇大笑，会使腹内压力激增，易引起猛烈抽搐而流产或早产。所以在进行胎教——包括幽默胎教时，要掌握好分寸。

疝气患者大笑也会使病情加重。

外科手术之后的病人5~7天之内大笑会加剧疼痛，有碍刀口愈合。

吃饭时大笑，有时会使食物进入气管，造成生命危险。

因此，笑剂——笑药也需要注意运用的场合和适应证，要注意剂量和配给特点，尽量防止副作用的发生。这样，适时的笑，适当的笑，就是对人有益而无害的了。

笑声的力量是无穷的，快乐的力量是无穷的，幽默的力量是无穷的！幽默是一位好医生。只要你愿意，就可以永远把他带在身边，成为你的贴身护士。让我们在拜服古人高明医术的同时，给自己的生活多制造一些幽默吧！

凭幽默获得普遍的好人缘

调侃自己得人心

在这个世界上，我们都走着不同的人生道路，挑着不同的人生重担。同时，我们的人生观指导着我们以不同的方式看人生，看我们身上的重担，看我们所认识、遭遇的每一个人和每一件事，并看我们自己是什么样的人，在生活中扮演什么样的角色。如果要从中寻找出一个正确的、固定的模式，那么，便是以微笑面对困难重重的人生，超然于一切观念之上。

我们遇到的困难很多，我们常常在窘境中挣扎，我们为频繁的失意蹉跎，有时我们因突然的打击而垮掉。从本体来说，没有任何方法能够挽救我们自己，只有我们的勇气、信心和智慧，才是可靠的根本性力量。

有一条不成文的法则，即笑自己的人有权利开别人的玩笑。瓦尔特·雷利说："笑的金科玉律是，不论你想笑别人怎样，先笑你自己。"这就是说，最先笑的人，也就是最懂得笑的人。而要成为一个常常是最先笑的人，那么笑的目标必须时刻对准你自己。

这时，你就要笑自己的观念、遭遇、缺点乃至失误，有时候还要笑笑自己的狼狈处境。每一个迈进政界的人得有随时挨人"打"的心理准备，如果缺乏笑自己的能力，那么他最好还是干自己的老本行去。

把自己本身作为笑的目标，可以沟通信息，表达看法，这是最令人折服、最能获得信赖的一种品质。

要以幽默力量来帮助你，以轻松的心情对待自己，时不时幽自己一默，那么你就能让别人发现你是个能冒险、敢尝试、能面对错误、真诚表露自己的人，于是你就能打开人类沟通的途径。我们来看下面的例子：

著名作家巴兹尔承认，他花了15年时间才发现自己没有写作的天份。

"这时为时已晚！"他说："我无法放弃写作，因为我太有名了。"

谦虚固然是明智的，但是成功者并不藐视自己。他们维护自尊，明白成功的价值所在，并接受它。为了便于说明，我们来比较一个故事的两种说法。

第一种说法显示出幽默力量如何帮助我们胜而不骄，并且谦虚以待。

有一位年轻人加入某公司的行列后，同事向他介绍老板："这位是杰利，我们的董事长。"这位同事说完后，打趣道："他生来就是个领导人物——公司老板的儿子。"三人都哈哈大笑。

幽默力量使得这位老板非常人性化，但并未损及他的自尊。他以笑来证明他也能以轻松的态度来看自己的地位。

再换第二种说法，我们能够学到幽默力量何以能帮助我们维护我们的自尊，而不致太谦卑。

另一个新职员在类似的情况下去见他的老板——公司董事长。这位职员打趣说："好哇，杰利，我想你生来就是个领导人——老板的儿子。"

"不是，"杰利以轻松而又严肃的口吻说，"我是公司创始人的外孙。"

这位老板虽然没有夸耀，但是他委婉地表示了他的成功是靠自己努力得来，并且以承袭家族传统为骄傲。

当我们能以轻松的态度来看待自己，而以严肃来面对人生角色时，我们就肯定了我们的价值。

多进行有趣味的思考可以从你的感觉、举止，甚至话语中产生。你以感觉来打开别人情绪表达的通道，帮助他对自己有较好的感受。例如你可以用一句颇富人性的妙语来解释你所犯的错误：

"我一直怀疑我是否可能被点眼药水洗脑。"

如果别人只对你的幽默力量中引人发笑的那一层有所反应，他们还是可以凭借暂时的解除压力、抒发情绪而获益。于是你的幽默力量仍不算失败，因为你知道那会对别人有所帮助。

假如你有一次在与人谈话或讨论中，发现有个人极端地反对你的看法。你想改变此人的看法，可以用三种方法：

第一种，你说："你这人又呆又笨又固执！"

第二种，你说："你的优点是猪脑袋、笨脑袋、硬脑袋。"

第三种，你说："我看出你认为我的脑袋像猪，又笨又硬。可这正是我的优点。"

第一种方法会获得怨恨；第二种方法会使沟通中断；第三种方法也许不能立刻改变那人的想法，但是至少他对你的认可程度提高了。

威廉对公司董事长颇为反感，他在一次公司职员聚会上，突然问董事长："先生，你刚才那么得意，是不是因为当了公司董事长？"

这位董事长立刻回答说："是的，我得意是因为我当了董事长。这样就可以实现从前的梦想，亲一亲董事长夫人的芳容。"

董事长敏捷地接过威廉取笑自己的目标，让它对准自己，于是他获得了一片笑声，连发难的人也忍不住笑了。

有个人不喜欢他父亲的职业，可是有人偏要问他父亲是干什么的。于是他笑着说："我父亲是牛的外科医生。"他没有说自己的父亲是"屠夫"。

许多还会以取笑自己来达到双方满意的沟通，人们没有理由不喜欢这样的人。如果今后他们拿我们开玩笑时，我们只能同他们一起哈哈大笑，而没有半点怨言。

笑自己的长相，或笑自己做得不太漂亮的事情，会使你变得较有人性。如果你碰巧长得英俊或美丽，要感谢祖先的赏赐；同时不妨让人轻松一下，试着找找自己的缺点。如果你真的没有什么有趣味的缺点，就去虚构一个，缺点通常不难找到。

如果你的特点、能力或成就可能引起他人的妒忌或畏惧，那么就要设法去改变这些不好的看法。例如你可以说一句妙语：

"世界没有一个像样的完人，我就是最好的例子。"

你以取笑自己来和他人一起笑，会帮助他人喜欢你，尊敬你，甚至钦佩你，因为你的幽默向人证明了你具有善良大方的品质。

某大公司的董事长和财税局有矛盾，双方很难心平气和地坐在一起，可是又必须把他们都请来，参加一个重要的会议。他们不得不来了，但是双方都视而不见，犹如两个瞎子。

这时会议主持人抓住他们的矛盾，进行了一番调侃。他向人们介绍这位董事长时，说："下一位演讲的先生不用我介绍，但是他的确需要一个好的税务律师。"

听众爆发出一阵大笑，董事长和财税局长也都笑了。

通常，我们每个人的生活形态和经验，把我们与他人隔开；但是我们企求了解和接纳的需求，又把我们彼此联结起来。对事物进行趣味思考法，是实现了解和接纳的最有效的途径。

如何建立趣味思考法是很困难的，因为每个人的情况不一样。一般经验是：不要正面提示或回答问题，而是用愉悦的、迂回的方式揭示或回答问题。

正如前面提到的那位会议主持人那样，他用愉悦的、迂回的方式提示出董事长和财税局长之间的矛盾，于是他用这一句话同时接近了两个人。趣味思考法来自我们对事务所抱的态度，即积极向上的态度。乐观、开朗、

心情豁达，都能使我们的思考变得有趣起来。

有趣味地思考可以从我们的感觉、举止、话语中产生。我们以感觉来打开别人情绪表达的孔道，帮助他对自己产生较好的感受。

每一个有经验的官员都知道，要使身边的下属能够和自己齐心合作，就有必要将自己的形象人性化。这个心理学与社会学范畴的观点广为商业、工业、教育、政治、文艺等各界的领导者所采用。

幽默产生亲和力

生活中有这么两类人，你更愿意与谁交往？

一类是风趣幽默，总把微笑挂在脸上。当有人闷闷不乐时，他会有意无意地说个笑话，博人一乐；当气氛沉闷时，他会就地取材，幽人一默；当大家背经文般寒暄的时候，他却不失时机地插科打诨，拉近彼此的距离。只要你不拘束，尽可以跟他说说笑笑。

二类是缺乏幽默感，不苟言笑。当你们无聊地行走在楼宇之间的时候，他一言不发地低着头，像是捕捉"拾金不昧"的机会；当你同他拉家常的时候，他有条不紊地作答，比作八股文还枯燥；当你想从他的脸上捕捉笑意时，他却摆着一幅"英勇就义"的面孔。哪怕经过长时间的磨合，你们的关系再熟，你也不敢跟他开玩笑，因为他随时有可能一反常态，弄得你极其尴尬。

相信大家还是愿意与前者沟通的，因为他们的话语会不断地扯动你的笑筋，让你分享到生活的乐趣，从他们身上你能感受到更多的亲和力。所谓亲和力是指"在人与人相处时所表现的亲近行为的动力水平和能力"。人的亲和力的高低常常取决于一个人的性别特征和性格特征，如有的人生来不爱笑，有的人从小不爱亲近人，有的人天性爱热闹……但是所有这些都不是最重要的，只要你还懂得幽默，你的身上就不会丧失亲和力。假若你缺乏幽默感，很不幸，它意味着你同时丢失了亲和力！

有一次萧伯纳在街上行走，被一个冒失鬼骑车撞倒在地，幸好没有受伤，只是一场虚惊。

　　骑车人一看是大名鼎鼎的萧伯纳，顿时有些心慌，他知道自己担待不起这种过失。于是急忙扶起萧伯纳，忙不迭地道歉。可是萧伯纳不仅没有责怪，反而做出惋惜的样子说："你的运气真不好——先生，你如果把我撞死了，就可以名扬四海了！"

　　萧伯纳豁达的胸襟为他镀上了一层迷人的亲和力。正是这种幽默和亲和力，缓解了对方的窘迫，也少费了许多口舌；也正是这种幽默和亲和力，使他与当时众多的文人学者建立了深厚的友谊。

　　萧伯纳有个朋友是叫切斯特顿，是著名的小说家，两人关系非常要好，彼此常常肆无忌惮地开玩笑。切斯特顿既高大又壮实，而萧伯纳却长得很高，瘦削得似一根芦苇。他们两人站在一起对比特别鲜明。

　　有一次，萧伯纳想拿切斯特顿的肥胖开玩笑，便对他说："要是我有你那么胖，我就会上吊。"

　　切斯特顿笑一笑说："要是我想去上吊，准用你做上吊的绳子。"

　　本来想幽对方一默，却被对方反讽，萧伯纳没有生气，而是哈哈大笑。

　　这就是萧伯纳，幽默，颇具亲和力。反观某些人，当出现被车撞或者开车出现剐蹭的时候，破口大骂；当被别人拿来开玩笑时，则勃然大怒。从他们的身上很难看到亲和力。这就是死板之人与幽默之人之间的差距。因为死板，人往往捉襟见肘、处处受制，把人际关系搞得剑拔弩张；因为幽默，人左右逢源，灵活应变，广结人缘。

　　汤姆在外地迷失了方向，一位热心的过路人走过来问："你是不是走丢了？"

　　汤姆笑道："不，我还在这儿，可是火车站却的确被我丢了！"

　　于是，过路人被他的诙谐幽默所感染，亲自把他带到了车站。

　　这就是幽默的力量，它所散发出来的亲和力无与伦比，让他人不自觉

地向你伸出温暖之手，让你在人生路上减少很多曲折。

有人形象地说：没有幽默感的语言是一篇公文，没有幽默感的家庭是一间旅店，没有幽默感的人是座雕像。是的，没有幽默感的人就是一座雕像，冷冰冰的，使人难以亲近。让我们学会幽默，给自己增添一份迷人的亲和力吧！

幽默豁达惹人爱

在现代社会的人际交往中，交往的程度依双方相互间的吸引力而定。富有吸引力的人的主要特征是：友善、热情、开朗、幽默、谦逊、宽厚、富有同情心、乐于助人、聪明能干、仪表端庄、举止文雅。这些特征中最要紧的是"幽默"和"聪明能干"。

特别是幽默，它能体现一种坚强的意志力，一种乐观豁达的品格，一种宽阔博大的胸襟。幽默是人的个性、兴趣、能力、意志的一种综合体现，幽默感则是成熟人格的一种品质。

幽默渗透着一种坚强的意志。有幽默感的人往往是一个奋力进取的弄潮儿。发明家爱迪生就是一个善于以幽默来对待失败而不断进取的人。

爱迪生在发明电灯的过程中，试验灯丝的材料失败了 1200 次，总是找不到一种能耐高温又经久耐用的好金属。这时有人对他说："你已经失败 1200 次了，还要试下去吗？"

"不。我并没有失败。我已经发现 1200 种材料不适合做电灯丝。"爱迪生说。

爱迪生就是以这种惊人的幽默力量，从失败中看到希望，在挫折中找到鼓舞。这是发明家百折不挠、硕果累累的诀窍。

幽默闪烁着智慧的光泽。有幽默感的人往往思路敏捷、反应迅速，在复杂的环境中从容不迫，妙语连珠，常常能取得化险为夷的效果。

幽默展示了一种乐观豁达的品格。在半夜时分有小偷光临，一般不会令人愉快，可是大作家巴尔扎克却与小偷开起了玩笑。

巴尔扎克一生写了无数作品，却常常手头拮据，穷困潦倒。有一天夜晚他正在睡觉，有个小偷爬进他的房间，在他的书桌上乱摸。

巴尔扎克被惊醒了，但他并没有喊叫，而是悄悄地爬起来，点亮了灯，平静地微笑着说："亲爱的，别翻了，我白天都不能在书桌里找到钱，现在天黑了，你就更别想找到啦！"

幽默显现了一种宽阔博大的胸怀。有幽默感的人多宽厚仁慈，富于同情心。

爱丽丝在一个公司里任接待员；她得应付访客、电话、杂事和老板，空闲的时间还必须打字。有时，某些自以为是的人打来电话，往往给她出难题："我要和你的老板说话。"

"我可以告诉他是谁来的电话吗？"

"快给我接你的老板，我马上要和他说话。"

"很抱歉。他花钱雇我来接电话，似乎很傻。因为十个电话中有九个是找他的。"

来电话的人笑了，然后把他的姓名及电话号码留给了她。

爱丽丝既要知道是谁找老板，又不能开罪对方，只好采取这种看似自嘲的方式逗对方与她同笑，取得了皆大欢喜的效果。

幽默是一种眼光，也是一种角度，是看世界的宏达眼光，是看人生的清新角度。芸芸众生所处的大千世界，不仅可以用好和坏来衡量，也可以用有趣与无聊、可笑与可悲来评判。不仅是严肃的反省，发现自己的荒唐、冥顽、滑稽可笑，也是积极的上进，在笑声中与世界成为朋友。在笑声中，一拉着世界，一手牵着自我，乐观而豪迈。

幽默不是超然物外的看破红尘，幽默是一种豁然乐观的人世，是一种积极的人生。

华盛顿总统说过："世界上有三件事是真实的——上帝的存在、人类的愚蠢和令人好笑的事情。前两者是我们难以理喻的，所以我们必须利用第三者大做文章。"

我们在心理上经常为这样的问题所困扰："我的同事们真正喜欢我吗?"如果你喜欢他们,并且常能与他们一同欢笑,常能给予他们所需要的,那么,你就真的能得到你所需要的,并与他们建立起良好的关系。

在现实生活中,每个人都可能遇到被人取笑的尴尬场面,怎样才能摆脱窘境呢?狭隘、偏执的人可能会恼羞成怒,反唇相讥,结果只能使事态更糟;豁达、磊落的人则能顺势接过话题,以自嘲的方式将自己的笑料与众人分享,让大家得到快乐,从而在善意的笑声中化被动为主动。这种自嘲,其实正是一种最积极的态度。

幽默的人招人爱,因为他使生活总是充满了快乐、温暖、爱心和希望。

用幽默劝导别人

劝导,在我们工作、生活中随处可见。它犹如一盏明灯,使知识欠缺者增加见闻;它像一座警钟,使濒临深渊者迷途知返;它又好比一副清醒剂,使思想偏激者冷静思考;它更是一座友谊的桥梁,有助于交流双方的沟通和理解。而运用幽默进行劝导,让对方在会心一笑之余有所感触、感悟,往往会取得出其不意的良好效果。

有位贪吃的太太,每天各种食品不离口,当然导致消化不良。

她拖着肥胖的身体去求医,医生问明来由点了点头,她问:"开点什么药最好?"

医生除了开点助消化的药外,对她说:"我把塞万提斯的一剂名药也送给您吧。"

胖太太很高兴:"太好了,是什么开胃药?"

医生说:"饥饿是最好的开胃药。"

胖太太会意地笑了。

医生用幽默的方式间接地劝导胖太太,避免了涉及到与"胖"有关的话题,取得很好的劝导效果。要想劝导成功,除了手中有理之外,还要求方法要正确、巧妙,如巧用幽默、丝丝入扣、娓娓道来,则更能深入人心。

南唐的时候，税收很繁重，商人很头痛。京师地区连年大旱，民不聊生。

一次，烈祖在北苑大摆筵席，对群臣说："外地都落了雨，单单京城里不落雨，不知是什么缘故？"

申渐高很幽默地说："雨不敢进城来，怕抽税呀！"

烈祖不禁大笑起来，随即废除了苛捐杂税。

申渐高言语幽默，将税收过重的害处揭示得淋漓尽致。这对烈祖来说无疑是一副清醒剂，让烈祖在笑声中醒悟过来。

幽默地劝导别人，要尽量顺着对方的意思说，使对方领悟到你是自己人，从而乐于听你的话，接受你的观点，劝导取得成功的可能性就更大。

用幽默化敌为友

曾经有人说："有限与无限的矛盾对称，便是人生的幽默之源。唯达观者、有信念者、远视者、统观全体者，得从人生苦与世界苦里得到安心立命的把握，而暂时有一避难之所。"

幽默是能飞的智慧的神往，是一种永远新鲜的苦痛，因为心灵每逢张开翼翅要飞的时候，它总免不了在它宠子的栅栏上碰伤它的翼翅。如果上帝是有意要我们一直以脚趾站立来支撑我们的躯体，那它也就不会使我们的身体有那样宽广的部位来坐。

作家王蒙曾经说过："幽默也是刺、是进攻又是自卫的手段。""嘲弄、批评性的幽默、讽刺，要深刻得多。它是一种传神的勾勒，是机智也是学问和经验。"

在为事业有所成而努力的过程中，很难避免有些不怀好意的人的恶意中伤和造谣诽谤，如果处理不好这些问题，就会落入对方的圈套；如果置若罔闻，就会令对方变本加厉；如果通过别具一格的方式给予回答，不仅于己有轻松、活泼的好处，而且于对方也有敲山震虎的威慑作用，甚至于化敌为友，加深感情。

1988 年 7 月 22 日，日本前首相中曾根同前苏联总书记戈尔巴乔夫举行会谈。

戈尔巴乔夫说："据说，在日本居然有人说什么，今后只要日本持续不断地增强经济力量，苏联便将乖乖地屈服于日本的经济合作。殊不知，这是大错特错的，苏联决不屈服。"

中曾根反驳道："尽管如此，两国加深交流也是重要的，阻挠两国关系发展的，正是北方领土问题。……我毕业于东京大学法律系，你走出的是莫斯科大学法律系的门槛。我们俩同属法律系的毕业生，理应了解国际法、条约和联合声明是何物。国际上都承认日本的主张是正确的。"

戈尔巴乔夫笑容可掬地答道："我当法律家亏了，所以变成了政治家。"

有人说："原始人见面握手，是表示他们手上不带武器。现代人见面握手是表示我欢迎你，并尊重你。以幽默来打招呼，则是有力地表示我喜欢你，我们之间有着可以共享的乐趣。"幽默能在参与者之间产生一种强烈的伙伴感和一致对外的攻击性。幽默能一下子拉近两个人之间的感情距离，因为一起笑的人表明他们之间已经有了共同的兴趣、爱好，这是事业有所成的很重要的一步。

在一个宴会上，一位诗人和一位将军坐在一起，他们彼此怀有敌意，将军不喜欢诗人，对他表示冷淡。每当女主人谈起诗的时候，将军就皱起眉头。

宴会进行到一半时，女主人说："我这位诗人朋友现在要为我作一首十四行诗，并且当场朗诵。"

聪明的诗人推辞说："哦，不，好心的太太，还是让我们的将军来发一枚炮弹吧！"

那位将军一下子乐了。举起酒杯，提议跟诗人碰一杯。此后，直到宴会结束，将军和诗人都谈得非常投机，两人因此成了好朋友。

相逢一笑泯恩仇。豁达、自然、轻松的幽默方式可以使阻碍自己走向成功的激化矛盾变得缓和，从而避免出现令人难堪的场面，化解彼此之间的对立情绪，使问题得以更好地解决。人们凭借幽默的力量，打碎束缚自己的外壳，主动地与人为善，触摸一颗颗隔膜的心，掏出彼此间均能感受到的坦白、诚恳与善意。

玩笑戏谑乐无边

我们经常会和关系很亲近的亲人和朋友开比较过分的玩笑，有时候这种玩笑甚至带有一定的攻击性，但因为彼此之间深厚的感情，这种过分的幽默不但不会伤害彼此之间的关系，相反还会增进彼此的感情。比如，我们日常生活中给别人取绰号，如果是关系一般的人，或是陌生人，那无论你是不是带有恶意，对方都可能会感觉到不快。相反，如果是关系非常近的亲人或者朋友，那称呼绰号则能让对方感到非常亲近，有时候还可作为交流情感的一种方法。

一些攻击性比较强烈的幽默，可以称之为戏谑性幽默，这种幽默的亲切感也更强些。越是亲近，越可戏谑与挪揄；越是疏远，越要客客气气。民间就流传着不少关系亲密的文人雅士互相戏谑的故事。

佛印和尚与苏东坡是莫逆之交，一天，苏东坡去找好友佛印和尚下棋，刚走进寺庙，东坡先生就高喊一声："秃驴何在?"只听见佛印和尚应声回答："东坡吃草。"旁边的人都一愣，他们两个人却哈哈大笑起来。

东坡是笑话佛印的秃头，所以喊：秃驴何在？佛印回他：东坡吃草，既借了东坡之名，又可以理解成在"东坡吃草"呢，作为"秃驴何在"的回复，一语双关。双方都无恶意，只是朋友之间的调侃罢了。

两人经常一道游山玩水，吟诗作对，而且均不乏幽默机智，为人们所津津乐道。佛印虽然做了和尚，但是仍然非常洒脱，常与东坡一块儿饮酒吃肉，无所禁忌，不受佛门清规戒律的束缚。

苏东坡喜欢吃烧猪,他任杭州太守时,佛印和尚住金山寺,常常做好烧猪等待东坡来吃。一天,佛印一早就派人买了几斤上等好肉,烧得红酥酥的,还打了几瓶琼花露名酒,等东坡前来,好痛痛快快地美餐一顿。

谁知等东坡应邀来到时,烧好的猪肉竟不翼而飞。佛印甚感不快,抱歉地说:"烧肉真的吃不成了。"苏东坡当即便作了一首游戏诗,安慰佛印:

远公沽酒饮陶潜,佛印烧猪待子瞻;

采得百花成蜜后,不知辛苦为谁甜。

两个好朋友之间的玩笑和戏谑让人感动,这种幽默是建立在深厚的感情基础之上的,所以才会洒脱、坦荡,乃至肆无忌惮。

苏东坡的妹妹苏小妹也是个大才女,但高高的突出的额头不好看。

一天,苏东坡拿妹妹的长相开玩笑,形容妹妹的凸额凹眼是:

未出堂前三五步,额头先到画堂前。

几回拭泪深难到,留得汪汪两道泉。

苏小妹也从不示弱,嘻嘻一笑,当即反唇相讥:

一丛衰草出唇间,须发连鬓耳杳然。

口角几回无觅处,忽闻毛里有声传。

这诗讥笑的是苏轼那不加修理、乱蓬蓬的络腮胡须。

苏小妹想了想,觉得只说苏轼的胡须似乎又还没有抓到痛处,自己没有占到便宜,便再一端详,发现哥哥额头扁平,了无峥嵘之感,又是一副马脸,长达一尺,两只眼睛距离较远,整个就是五官搭配不合比例,当即喜滋滋地再作一诗:

天平地阔路三千,遥望双眉云汉间。

去年一滴相思泪,至今流不到腮边。

这种幽默更像是一种调侃和戏谑,虽然看似有攻击性,但却没有丝毫的恶意,完全是为了调节气氛而为。戏谑与揶揄一般都是无伤大雅的,在大多数情况下会多多少少带有一些揭对方短的意味，对此，一定要掌握好分寸，过与不及都可能令幽默达不到预期的效果。

在社交场合就有这样一种规律，越是生疏的人，越是彬彬有礼；而越是关系亲密，越是可以开一些过头甚至荒谬的玩笑。你不妨也牛刀小试，和朋友开开玩笑，既能展现你们之间的亲密关系，同时又增进了彼此的关系。

♥ 批评最好幽默化

在生活中，面对他人的错误，我们难免会控制不住自己而加以批评指责。批评需要幽默，幽默能使批评传达出我们的善意。生活中，当双方发生严重的意见分歧的时候，如果有理的一方能撇开严肃的态度，以幽默的语言对无理一方施加掩藏锋芒的暗示性责备，那就既能正确无误地表达出责备之意，又能达到不伤害别人的目的。因为，对方在受到批评的时候不仅仅会感受到批评的内容，对他们来说批评的形式有时候是更重要的因素，采用幽默的方式将批评之意传达给对方，能给对方一种相对较好的感觉，使对方更容易面对错误，接受批评。

刚刚加入合唱团的学生常常犯只看谱不看指挥的毛病，这让一些指挥很是头疼，不疼不痒地指出起不到重视的作用，而批评太严厉了又怕影响了大家的情绪。

著名音乐家李抱枕也发现了这一问题，他有一次非常幽默地对同学们说："好的合唱团把谱记在脑袋里面，不好的合唱团员把脑袋埋在谱里。我恳求各位在唱的时候，多'赏'我几眼，别老是'埋头苦干'，因为在实际演出时，我们不能说话，只能彼此'眉来眼去'。"李抱枕一席话，说得大家哈哈大笑，从此改变了唱歌时眼睛不看指挥的毛病。

一般说来，在面对批评时，特别是上级批评下级、长辈批评晚辈时，被批评者的心理常处于紧张、严肃的状态，严重时还会伴有焦虑、恐惧、对立、泄气等情绪，它们是双方建立感情的阻碍，多少会影响到批评的效果。如果批评能运用幽默的手段，批评者含笑地讲道理，被批评者在笑声中微微脸红，内心深处接收到的是触动而非刺激，心情愉快接受指教，就更容易接受批评了。

　　成绩单发下来了，小明因考试时惦记着足球赛，考了倒数第一，忐忑不安的小明把成绩单给父亲，父亲表现出吃惊的样子："儿子，你能不能答应我，以后不要每次看到你的名次，就知道你们班上有几个人，好吗？"

与这位父亲一样，另一位父亲也深谙幽默批评之妙。

　　父亲："儿子，这次考试考得怎么样啊？"
　　儿子："数学48分，语文52分。"
　　父亲："这样一来，总计就是100分，'总计'这门课考得好，不错。但是以后在数学、语文上可还要多下工夫啊！"

两位父亲没有用"棍棒底下出孝子"的方式，相信理亏的儿子能感到父亲的用心良苦，以后必会有所改观。

在一些平级的人际交往中，也可以寓教育、批评于幽默之中，使批评之辞具有易为人所接受的感化作用。在同级、朋友之间表达批评时，要掌握几个要点：不可太直接，以防影响你们之间的感情；不可用词太重，点到为止，否则对方容易恼羞成怒；不能以居高临下的态度，否则对方会产生抵触情绪。

　　有一家住户，水管漏得厉害，院子里已经积满了水。修理工答应马上就来，结果等了半天才见到他的身影。他懒洋洋地问住户："太太，现在情况怎么样啦？"
　　女主人说："还好，在等你的时候，孩子们已学会游泳了。"

"学会游泳"的说法虽然过于夸张，但却巧妙地表达了对修理工不能第一时间赶到的气愤。这则笑语中运用幽默语言进行的善意批评，达到了批评的目的，既表达了自己的不满，又避免双方矛盾的尖锐化。

不难看出，用幽默影射的方式来批评别人，对方很容易就能领悟到你的用心，从而乐于听你的话，接受你的观点。

鲁迅先生也曾使用过此方法批评过一些作家。在20世纪30年代，某些作家的主观主义毛病很厉害。一次，有人请鲁迅谈谈这一问题，鲁迅一开始笑而不答，过了一会儿，说了两个颇有意思的小故事：

（1）金扁担

有个农民，每天都得挑水。一天，他忽然想起，平常皇帝用什么挑水吃的呢？自己又接着回答："一定用金扁担。"

（2）吃柿饼

有个农妇，一天清晨醒来，觉得饿，她想，皇后娘娘是怎么享福的呢？一定是一觉醒来就叫："大姐，拿一个柿饼来吃吃。"

两个小故事恰如其分地指出了那些作家的主观主义问题，深入浅出，同时又引人发笑，让人印象深刻。

以上的例子，都来自于我们的日常生活。由于有了幽默、洒脱的态度，所以矛盾被巧妙地化解掉了。在运用幽默式批评时，要与人为善，要旁敲侧击，谨记要以半开玩笑半认真的方式表现，先打破僵局，再转入实质问题，即使对方不能一下子接受，也不至于伤了和气，不会让对方难堪、丢脸。但要注意的是，批评虽有幽默成分，但绝不能油嘴滑舌，否则就让人觉得没有说服力，影响批评的效果。

事实就是这样，不论是赞扬，还是指责，幽默都能使你的话语传达善意。如果在双方发生分歧的情况下，其中之一的当事人撇开严肃的态度，以幽默来暗示责备，那么即使调侃式的、半宽容的幽默语言也能正确无误地表达出责备，而不至于伤害人。其原因在于，幽默传达给对方，对对方产生作用的不完全是在于这是些什么话，有很大因素在于你的幽默给了对方一种什么样的感觉。显然，真诚、善意的幽默即使传达出责备的信息，通常情况下是不会引起反感或恶感的。而一本正经的批评指责，则会引起分歧增大，甚至感情破裂。

借幽默帮助自己摆脱困境

陷困境一笑置之

在与人交往的过程中，难免会遇到人与人之间的正面碰撞和冲突。这大致可分为两种情况：一是无意的冲撞或并不严重的损害，二是蓄意的挑衅。在这两种情况下，应该把握好幽默的分寸感。在大多数情况下，冲突是无意中引起的，这时的幽默是一种风趣、温和的批评。

> 一位顾客在某餐馆就餐，他发现服务员送来的一盘鸡居然缺了两只大腿。他马上问道："上帝！这只鸡连腿也没有，怎么会跑到这儿来呢？"

类似以上这个例子的情况，我们在日常生活中会经常碰到。由于有了幽默、洒脱的态度，所以矛盾被巧妙地化解了。这里的可喜之处，并不是回避、无视生活中出现的矛盾，而是以幽默的方式展示一种温和的批评。设身处地地想想，你被骑车人撞倒了，还有心思与肇事者开个玩笑，这修养，不知要用多少年的火候才能修炼出来。事实上，这都是人们编的笑话，但这些笑话又何尝不是人们对那种人与人之间充满爱心的境界的一种呼唤呢！

> 一个初学乍练的理发师，在顾客的脑袋上划破了好几个口子。每出现一个流血的口子，他就撕一块棉花一捂。

后来，顾客疼痛难忍，便大声嚷道："行啦！我的半个脑袋让你种上了棉花，剩下的地方让我种点亚麻吧！"

如果你面对着来者蓄意挑衅的举动，则应该运用幽默予以回击。我们提倡人与人之间互相友爱、尊重，无疑是正确的，但实际上并不是每个人都能攀上道德修养的理想层次。如果对以伤害别人为乐趣的人姑息养奸，也并不值得肯定和鼓励。

一位作家刚完成一本书，正沉浸在人们的赞扬声中，另一个作家有些妒忌，不顾一切跑去对她说："我很喜欢你的这本书，是谁替你写的？"

"我很高兴你喜欢，"她回敬道，"是谁替你读的？"

神色自然来自心理上的宽松和平衡，而环境和气氛也是制约一个人面对公众或社交场合时心境的重要因素。

不少人都有这样的体会，在诸如课堂、会场之类的公共场合，笑声会使气氛轻松和谐，如果这时候是你站在讲台上，你就不会觉得太紧张，而能神色自若地和大家交流，取得良好的效果。可以说，一个面露微笑、活泼风趣的人，总是比神情抑郁或愁容满面的人更受欢迎。

这就是说，如果某人想在社交过程中给人们留下美好的印象，取得良好的交流效果，就应该充分运用幽默的力量。

欣赏他人，与他人同笑，把自己置于众人之中，是加强与他人沟通的重要途径。无论是身居高位还是专家名人，都不能无视这一点，否则他会将自己孤立起来。

马克·吐温说得好："让我们努力生活，多给别人一点欢乐。这样，我们死的时候，连殡仪馆的人都会感到惋惜。"

不论是什么季节，在什么社交场合，幽默的力量都会帮助你沟通，并且使这种沟通富有人情味，无拘无束地互相交往，诚挚相待。可能当你去赴朋友新居落成的庆典时，主人也许有点紧张，这正好为你运用幽默开玩笑，松弛一下他的心情提供了机会。

"我来的时候，比尔就对我说：'你只要用肘部按一下门铃就行。'我问他为什么非得用肘部去按门铃，他一本正经地告诉我：'你总不至于两手空空而去吧。'"

在现代社会生活中，各种以娱乐活动为目的的集体或是出于兴趣、爱好而组成的团体，成了现代社会中人们相聚、彼此沟通、互相满足的小社会。在这些社团中，不论是普通成员还是核心人物，都能从幽默的力量中深受益处，也能以自己的幽默感赢得大家的欢迎。

♥ 化解敌意的春风

有时我们也能以有趣且有效的方式来化解敌意，因为当我们把自己放进其中时，原本敌意的幽默也就变得没有敌意了，这时我们就可以如教育学家和心理学家所说的"表现于外"了。

你不一定要像演员那般去"表演"。任何时候、任何地点，你都站在人生的舞台上，你都能将心底所想表现出来，解决你的困难、怨恨、痛苦和困窘。更重要的是，你也能够帮助他人，让他们看到如何将个人的困扰表现出来。

这说来似乎有点矛盾，但敌意的幽默的确能提供某种关怀、情感和温柔——只要你能将它转变成下面这个例子中的情况：

> 一个人走到邻居门口，手里握着一把斧头，说："我来修你的电唱机了。"

这人并不想把邻居的电唱机砸坏，他只是恰当地表达了对邻居太嘈杂的音响的不悦，而不是对邻居大发雷霆。他的行为似乎是对邻居说："我喜欢你，我关心你，我希望和你好好相处。因此，可不可以请你把电唱机的声音关小一些？"

你不一定要找个道具如斧头，才能将意思表达出来。只要试着把你自己和你自己的感受放进你的幽默中，作为幽默力量的来源，就可以达到幽默的效果。

事实上有关幽默力量的许多矛盾之处，都显示我们只有对所爱、所关心的人运用幽默时，才能把似乎敌意的幽默有效运用，从而产生好的结果。这类幽默与其称为"敌意"，不如称作"损人"更恰当些。损人的幽默常常以女性为对象。

一个人说："就算皮包里层是捕蝇纸做的，我太太的钱也不可能留在皮包里。"

这个玩笑表面上看来似乎很损人，但是我们可以从另一面来解释，他其实很爱自己的太太，也以她为荣，认为自己的太太比别的妇女穿着更好，更具魅力。他以戏谑太太的奢侈来表示对太太的爱和骄傲，并且以此代替夸耀。

这当然不是让大家多加使用或经常运用这类损人的幽默。我们强调的是将这类幽默转变为幽默力量，来帮助我们把内心的温暖表达出来。

表达内心的感受，能使我们和他人免于爆发战火。当我们把内心负荷过重的事情表达出来时，就能卸除心头的紧张而不致引起怨懑。幽默力量可以避免战火爆发，卸除心头重担！

人的一生追求的是事业上的成功，这一点对任何人来讲都是同样的。

幽默不仅可以化解敌意，同时也是成功的阶梯，通过幽默达到事业顶峰的事例很多。你还可以运用幽默的力量来化解人际关系的冲突。你以一些幽默——一则小故事、一段小品文、一个句子或妙语——就可以逗得他人去做某件原本不想做的事，或者接受他原本不愿接受的事。

如果你想统治这世界，就必须使这世界有趣。当你想要决定你的幽默力量的效果如何时，就以你如何使用、为何使用来衡量。

每一天，每一个表现幽默力量的情况，都包含了各种不同程度的愉快经验和不愉快的经验，而后者有时也可以改变为有趣的和愉悦的，任何事看得严重就可能变为不愉快的事情，不论为了什么原因都可愉快接受的事情，就足以构成制造幽默力量的效力。

但是幽默若要有效，就必须使别人在反应时也能体验到愉快的心情。幽默力量使得我们把他人摆在愉悦的心情中，著名幽默家马克·吐温的例

子可以让我们了解怎么做。

马克·吐温有一次在邻居的图书室里浏览书籍时，发现有一本书深深吸引他，他问邻居可否借阅。

"欢迎你随时来读，只要你在这里看。"邻居说，并解释道，"你知道，我有个规矩，我的书不能离开这栋房子。"

几个星期以后，这位邻居向马克·吐温借用锄草机。"当然可以，"马克·吐温说，"但是依我的规矩，你得在这栋房子里用它。"

就像马克·吐温一样，当我们想要改变他人的态度时，常常需要用有趣的方式。

♥ 谈笑间化解矛盾

有时候，人与人之间难免会发生正面的碰撞和冲突。这样的冲突大致可分为两种：无意的冲突和蓄意的挑衅。对这两种不同的情况，我们应该进行有区别的对待。在大多数情况下，冲突是无意中引起的，这时我们就可以用与人为善的方式对冒犯者进行温和的批评。

借幽默的友爱之手，我们就能巧妙地化解掉生活中的各种矛盾。从心理根源上来说化解矛盾的关键是养成那种与人为善的友爱的心态。很多的幽默故事都体现了人们对人与人之间友爱的呼唤，让我们看看下面这个幽默故事：

在电影院里，一名年轻男士在摸黑上过厕所后，来到了某座位外端的女士旁边，对她说："刚才我走出去的时候，是不是踩过你的脚？"

坐在最外端的女士很厌烦地回答道："那还用问吗？"

这样，那名年轻男士赶紧说："噢！那就是这排了！真对不起，我有严重的近视……请让我为您擦擦鞋吧……"

女士马上表示没什么，说自己擦就可以了。

从这个幽默故事中我们可以看出，如果你冒犯了别人，对方在乎的可能不是你是否会赔偿他的损失，而是你对自己所做错事的认错态度。所以，当错误在你时，你只要诚实地低下头，用幽默的方式向别人道歉，让对方感受到你表达歉意的一份诚心，相信大多数时候别人也会对你表示友善的谅解。

幽默地道歉要注意时机，一般情况下，正在发脾气的人，由于火气上升，有时候会丧失理性。在这个时候，如果你保持安静，不去惹他，他就可以慢慢地恢复平静。当对方在谩骂不休之时，你千万不要抱薪救火，故意去逗他，只有这样他暴怒的火焰才会慢慢熄灭。

生活中某些人举止潇洒、言谈风趣，往往能一语解颐，消除紧张或尴尬的气氛，我们就说这种人具有幽默感。

同学好友聚在一起逗趣聊天，交流双方或多方能在轻松的交谈中密切相互之间的关系，因其谈话氛围比较轻松，谈话过程中最适合也最容易融入幽默成分，可以充分利用各种幽默手段，尽显个人幽默风采。

一次，由爱因斯坦证婚的一对年轻夫妇带着小儿子来看他。孩子刚看了爱因斯坦一眼就号啕大哭起来，弄得这对夫妇很尴尬。

爱因斯坦却摸着孩子的头高兴地说："你是第一个肯当面说出你对我的印象的人。"

在晚辈来做客的轻松气氛下，爱因斯坦幽默的言谈并没有损及他自己的面子，反而活跃了气氛，使来看望他的这对夫妇能在一种轻松自然的气氛中和他交流，融洽了主客双方的关系。

一般情况下，两个十分要好的朋友之间交谈，运用语言善意地捉弄对方的方式较为司空见惯。比如朋友弄了个不伦不类的发型，你可以说："妙哉，此头誉满全球，对外出口，实行三包，欢迎订购。"

一个男人对一个刚刚相遇的朋友说："我结婚了。"

"那我得祝贺你。"

"可是又离婚了。"

"那我更要祝贺你了，你又解放了。"

朋友间往往无话不谈，因此能够产生幽默的话题也很多。夸大朋友的错话也极幽默，朋友错把黄鹤楼说成在湖南，你可说："不，在越南！"朋友之间进行的这种逸乐式交谈，有时候会用说大话的方式进行，这种方式也能产生很好的幽默效果。

有两位朋友闲着没事互吹自己的祖先：

一个说："我的家世可以远溯到英格兰的约翰国王。"

"抱歉，"另一个表示歉意说，"我的家谱在大水中被冲走了。"

运用幽默进行逸乐式交谈，能营造出更加轻松随和的谈话气氛，促进交谈者推心置腹地进行交流。

简易情绪转换器

快乐，是一个人从较小的圆满到较大的圆满的过渡；痛苦，是一个人从较大的圆满到较小的圆满的过渡。

在《情绪的界说》一书中，哲学家斯宾诺莎提出了一个著名的观点：快乐和痛苦是完全可以相互转换的。哲人的睿智，虽然并不是所有凡人都能企及的，但其中的精辟哲理，却是任何一个想从忧愁转向快乐的人都可以汲取的养料。渴望摆脱困扰、拥有快乐的朋友，何不借助幽默的力量达到这一目的呢？

古时候，有个叫陈大卿的官员，不幸染上了疥疮，身心饱受痛苦的折磨。不料有个上级官员却不适时宜地笑话他。

为此，陈大卿感到非常非常恼火，本想发作，然而又不敢得罪上司，于是他说："请你不要笑话，这种病有五德，在百病之上。"

听了陈大卿的话，上司很诧异，问他："是什么五德？"

陈大卿哈哈一笑说道："这种病，不长在人脸上，仁啊；喜欢传给人，是义啊；让人交叉着手揩擦，是礼啊；生在指缝骨节间，是智啊；痒必定时，是信啊！"

上司一听也乐了，对陈大卿的气度和智慧大加赞赏。

当别人企图把欢乐建立在你的不幸之上的时候，相信任何人的心里都会感到不舒服。然而，破口大骂或者生闷气就能解决问题吗？答案是否定的。在这方面，陈大卿给我们树立了一个标杆，给我们展示了一种情绪"转换器"，那就是幽默。

当然，幽默这种情绪转换器的功效不仅仅在于改变说话者本身的情绪，使自己远离消极情绪，同时，它能够消除交际对象的不良情绪，让双方有一个友好的沟通氛围。在一些不太友好的氛围中，一句幽默之语还能平息对方的愤怒，让即将爆发的冲突消失于无形。

一辆满载乘客的公共汽车在马路上疾行。突然前面窜出一只小狗，司机赶紧来了个急刹车。站立着的一位男青年立足不稳，撞进身旁一位漂亮姑娘的怀里。

众目睽睽之下，姑娘感觉非常尴尬，于是满脸愠色地对男青年说："德性！"

故事讲到这里，暂且按下不表男青年如何应对眼前的尴尬场面。我们先来分析一下这位姑娘"德性"二字的含义，从字面上不难理解姑娘是责怪男青年有意为之，有浑水摸鱼之嫌。然而从情理上讲，应属姑娘面对突发情况的条件反射，是羞涩之余的口不择言，根本谈不上是刻意的责备或者恶意谩骂。回过头来讲，如果身处男青年的窘境，相信大多数人会选择道歉，程式化地说声"对不起"，姑娘骄傲而冷淡地表示接受，然后不了了之——这是中策；也有一些人会自认为受到了人格侮辱，不知好歹地反戈一击，进而引发一场口舌之争——这是下策；故事的主人公则选择了上策，那就是幽人一默，在化解姑娘尴尬和愠怒情绪的同时，给自己一个台阶下——面对姑娘抛出的"德性"二字，男青年忙不迭地道："不，不是德性，是惯性！"

逗得姑娘扑哧一笑，露出了如花笑靥。

男青年无疑是高明的。他巧妙地借"惯性"这一物理专业名词，既避免了与姑娘的争执，又委婉地解释了这一意外的原因，说明责任并不在自己身上，从而缓解了姑娘的怒气，消弭了一场可能发生的冲突。所以，无论是对于自身的消极情绪还是他人的不良情绪，以幽默来应对，往往能够收到奇效！

从容不迫应急变

在人际交往中，我们常常会遇到一些意想不到的事情，或是自己说错了话，或是不小心做错了事，或是对方的反应不如我们事先预料得好，或是周围的环境出现了我们没有考虑到的因素，等等。这些猝不及防的情境往往会令局面陷入僵局，我们自己也会感到十分尴尬。这个时候，一切的解释都显得苍白无力，都是多余的，但不解释又会让人浑身不自在，抱怨、咒骂都不能使情况得以改观，反而会将"糟糕"变得"更糟糕"。相反，如果适时地幽一默，则能将尴尬和失意变为对自己有利的局面，说不定还会语惊四座，化腐朽为神奇。在这类事情上，许多伟人们的做法不失为我们学习的榜样。

1939年夏，美国总统罗斯福在海德公园接待来访的英王夫妇，不料发生了一系列意想不到的事。宴会时，屏风后面的桌子上由于堆放的菜盘分量过重突然倒塌，响声一下子压过了说话声。"哦，"罗斯福叫道，"别往心里去，这只是一种古老的家庭的风俗而已。"

饭后，罗斯福请客人参观藏书室。贵宾们正饶有兴趣地翻阅图书时，一位男仆走了进来，手里托着一个大托盘，上面是斟满饮料的杯子。在他走下通向房间的台阶时，一只脚踏空了，托盘里的杯子猛地被甩向半空，男仆自己也摔倒在地。随后他爬起来，把地板上破碎的东西清理干净。当他愧色满面地退出房间时，罗斯福大笑起来，他十分自然地转身对英王说："你们看这个表演怎么样，顺便说一下，这是演示的第二个风俗。第三个是什么？也许不久你们就会知道了。"

第二天，罗斯福邀请贵宾到瓦尔塞山庄喝茶、游泳。正在众人欣赏美丽的风景时，罗斯福不小心滑倒，他的腿落到了一个装有各色精美食品、冷茶、碎冰块和杯子的大托盘里。随着"扑通"一声，人们的目光立刻集中到了他身上，一时间气氛变得有些凝重。

"嗨，"罗斯福叫起来，"怎么没人给我叫好呢？"接着，他转身对英王等人说："我不是告诉过你还有第三个演示吗？好了，现在演完了，我终于可以轻松了。"

那些幽默风趣的人，他们遇事从来都不慌不忙，不急不火，总能靠自己的机智和风趣，运用幽默来做巧妙掩饰，把社交场上那些尴尬的场面变得轻松随意，把棘手的难题轻易破解。他们处理问题驾轻就熟，自然会得到人们的敬佩。

有一次，丘吉尔去视察一支部队。天刚下过雨，他在临时搭起的台上演讲完毕下台阶的时候，由于路滑不小心摔了一个跟头。

士兵们看到总司令如此滑稽，都忍不住哈哈大笑起来，陪同的军官惊慌失措，不知如何是好。丘吉尔则微微一笑，十分幽默地说了一句："这比刚才的一番演说更能鼓舞士兵的斗志。"

这一句解嘲之辞，不仅淡化了跌倒的失态，也令士兵们对总司令的亲切感油然而生，一代英雄的风度与魅力更令无数人折服。

奥地利精神分析大师弗洛伊德讲过："最幽默的人，是最能适应的人。"的确，人们在生活中自然免不了会碰到一些意外的事，如何应付窘境是对人们的一种挑战和考验，它能从某些方面折射出一个人的应急处事能力，从而表现一个人的内在修养和气质。

林肯是美国历史上最受人喜欢的总统之一，有一次，一位急匆匆迎面而来的军官在作战部大楼的走廊上一头撞到了林肯身上。当他看清被撞的是总统先生时，非常紧张，立刻赔不是。

"一万个抱歉！"这位军官恭敬地说。

"一个就足够了。"林肯笑着回答说，接着又补上一句，"但愿全军的行动都能如此迅速。"

林肯对突如其来却并非故意的冒犯，没有大发雷霆，而是把它与军队建设联系起来，不仅显示了他过人的机智，同时也展现了他的宽容与大度。

有时候，对那些突如其来的问题，我们没有足够的准备出口成章，又不能让人感到"我不知道怎样回答"而直言拒绝，这时，用幽默的语言来转移话题，往往能够做到维护自己的利益，捍卫自己的尊严，而又不伤对方感情的三种功效，这是其他手段难以媲美的。

对于那些不好回答而又非常严肃的问题，如果我们长篇大论地阐述正当的理由，难免会有些乏味，弄不好还会惹对方不快，若是能以幽默的方式给予一个略有道理的解释，就很容易化险为夷。

有个人在市场上买了6只来自异国的麻雀，准备进献给本国的国王。按照这个国家的习俗，"7"是最吉利的数字。如果仅送6只，他担心国王会不高兴，于是他就决定混1只本国的麻雀进去，凑够7只一起献给国王。

国王见到7只麻雀，果然很高兴。但在他仔细玩赏后，有人提醒他其中有1只是本国的麻雀，国王大怒："这是怎么回事？你故意加入1只本国的麻雀难道是在讽刺我孤陋寡闻？"

那人急中生智说："陛下的眼睛果然厉害，可是陛下不知道，这只本国的麻雀是其他6只异国麻雀的随行翻译啊！"

国王一听，虽然觉得他的话有些荒谬，但也理解了他的一片苦心，还是嘉奖了他。

幽默好比绵绵丝雨，好比潺潺流水，好比融融春光，总是能让人轻松摆脱尴尬，很多时候，幽默还能以最温和的方式抚平误会的疤痕，挽回失态的不利影响。

马克·吐温曾经是斯托夫人的邻居。他比斯托夫人小24岁，对她很尊敬。他常到她那里谈话，这已成为习惯。

一天，马克·吐温从斯托夫人那里回来，他妻子吃惊地问："你怎么不结领带就去了？"

不结领带是一种失礼。他的妻子怕斯托夫人见怪，为此闷闷不乐。于是，马克·吐温赶快写了一封信，连同一条领带装在一个小盒里，送到斯托夫人那里去。信上是这样写的："斯托夫人：给您送去一条领带，请您看一下。我今天早晨没戴领带在您那里谈了大约30分钟，请您不厌其烦地看它一下吧。希望您看过马上还给我，因为我只有这一条领带。"

这样一则有趣的"道歉"，相信会让收信人会心一笑，忘记对方小小的失态。可见，处于尴尬的境地时，无论是名人还是普通人，都可以随机应变施展一下幽默技巧，使自己摆脱尴尬，还能树立起自己的良好形象。这就是幽默的超级效用。

❤ 用幽默面对不幸

如果我们从不吝利用幽默的武器去直面惨淡的生活，那么对任何事情都可以抱着乐观的态度，即使遇上困难和挫折，也把它看作是上帝的另一种恩赐，怀着感恩的心情去享受现实。

美国成功的剧作家考夫曼，20多岁的时候就挣到了1万多美元，这在当时对他来说是一笔巨款。为了让这1万美元产生效益，他接受了自己的朋友、悲剧演员马克兄弟的建议，把1万美元全部投资在股票上。

不幸的是，随着20世纪30年代的经济大萧条，考夫曼的所有股票全部变成了废纸。但是，考夫曼却看得很开，他开玩笑似的说："马克兄弟专演悲剧，任何人听他们的话把钱拿去投资，都会以悲剧收场！"

不为打翻的牛奶哭泣，不为一朵花的凋落而担忧失去整个春天，这就是乐观主义者的处世之道。

一次大地震中，一个农夫眼睁睁地看着自己家的房顶突然没有了。很不巧这时大雨倾盆，他的家人慌作一团，咒骂倒霉的天气。这时，他不紧不慢地对他的家人说："别着急，没有房顶的坏处就是容易被雨淋湿，但好处是太阳可能很快就把我们的东西晒干。"

另有一位在台风中失去家产的女士，当她听到别人正在哭天喊地时，非常幽默地对身边的人说："感谢上帝，他竟然预测到我要搬家，现在我连一样东西都不必打包了！"

乐观主义者的心湖澄明，总是从积极的方面去想问题，这样就能够从失意的生活中找到愉快的火花。在他们的世界里，没有悲观，没有失望。即使面对仲夏残荷，他们也会吟咏"留得残荷听雨声"；即使面对秋末败菊，他们也会浅唱"菊残犹有傲霜枝"。无论生活怎么转变，幽默始终是乐观者的常规武器。也正是这份乐观，这份幽默，让他们记住的是生活中的快乐，忘却的是生活中的痛苦。美国第26任总统西奥多·罗斯福就是这样一位乐观的人。

有一次，西奥多·罗斯福家遭窃了。朋友闻讯后，就写了一封长信加以安慰。

在给朋友的回信中，他这样写道，"谢谢你来信安慰我，我现在很平静，无所谓悲伤。因为没有让我伤心的理由：第一，贼偷去的是我的东西，而没有偷去我的生命；第二，贼只是偷去了我一部分东西，而不是全部；第三，最值得庆幸的是：做贼的是他，而不是我。所以，我更应该感谢上帝！"

在西奥多·罗斯福的生活里，乐观、幽默、幸福，自然而然地串成了一条钻石项链。每一颗都不可或缺，每一颗都弥足珍贵。这是西奥多·罗斯福为自己编织的人生礼物，也是为自己打造的人生财富。其实，在我们的生活里，只要你用心去拾取，又何尝寻找不到这三种宝石呢？也许，从你懂得幽默的那一刻起，你会惊奇地发现竟有那么的快乐和幸福相伴相随！

用幽默替人解围

在与人交往中，替人解围、给人台阶下是一种美德；用幽默给火燥的气氛降温则是一种智慧，两者相结合，则是赢得人心、树立良好个人形象的最佳方法，也是为人处世的至高境界。

杰瑞的公司准备举办一场 Party，活动即将开始时，负责备物的助理焦急地对其他同事说："苹果不知道什么时候掉了一袋，剩下的可能不太够用，这里又离市区那么远，怎么办？"

在大家都在责怪助理粗心时，杰瑞轻轻地拍拍他的肩说："我来帮你想办法，告诉我，有没有哪一种准备多一点的？"助理说："小点心准备得很多。"

宴会开始了，大家都看到苹果盘前放了一个小牌子，上面写着："上帝正在看着你，请别拿太多了！"大家看到这个小牌子感到有些奇怪，走到后头又看到放小点心的盘子前也立了一个牌子，上面写："不要客气，要多少拿多少，上帝正忙着注意前面的苹果呢！"来宾们看到这时都呵呵笑弯了腰，结果这场 Party 宾主都尽兴无比。

杰瑞幽默的创意让那位粗心的助理巧妙地渡过了难关，这一招解围可谓高明。

有一位年近古稀的老人过生日，正当全家大众星捧月似的围坐在老寿星身旁，一边喜气洋洋地谈笑风生，一边敬酒吃菜时，突然听到"叭"的一声巨响，原来是今年准备考大学的孙子碰倒热水瓶，热水瓶炸了，顿时有了大煞风景的感觉。

这不合时宜的声音让孩子顿感手足无措，父母都过来一边收拾一边埋怨他不小心。老人则笑着说："这可是好兆头，孩子今年考大学，不能停在原来的'旧水平'上，咱也得发挥出'新水平'来。今天刚好借这一声响，就当是为我的生日放了鞭炮吧。"

一席话说得一家老小都轻松地笑了起来，孙子也摆脱了窘境，生日喜庆的气氛更加热烈了。老人这一"同音不同字"的文字游戏，把"旧水瓶"与"旧水平"联系起来，巧解其意，让犯错的人有了台阶下，皆大欢喜。

有一次，里根在白宫钢琴演奏会上讲话时，夫人南希不小心连人带椅跌落在台下的地毯上。正讲话的里根看到夫人并没有受伤，便插入一句说道："亲爱的，我告诉过你，只有在我没有获得掌声的时候，你才应这样表演。"台下响起了一片热烈的掌声。

在舞台上跌倒无疑是最让人尴尬的糗事，这时如果埋怨或者置之不理都会令人不快，机智的里根却用"幽默的谎言"为夫人解除了窘境，相信那一刻没有人再会去关注南希，因为人们都禁不住为里根的话语喝彩。

总的来说，幽默的形式主要在于改变我们的情绪，改善周围的气氛，幽默总是给生活注入潇洒的活性剂。当别人陷入尴尬的窘境时，我们不妨向他伸出一只援助之手，发挥一下自己的聪明才智，幽上一小默，为他找个"台阶"，相信这样的举动会让你变成一个受欢迎的人，对你的人生必定大有裨益。

巧舌如簧闯难关

谈判高手威廉·配第认为："世界是一张巨大的谈判桌。"这话很有道理。我们每个人在社会生活中都不可避免地与别人接触。个人的，团体的，或为荣誉，或为金钱，或为地位，或为自由……这样，你就自觉或不自觉地成为谈判的参与者。在一般人心目中，谈判是很庄重与严肃的。其实，谈判中采用幽默姿态，可以缓和紧张形势，促成友好和谐的气氛，也就缩短了双方的心理距离，淡化了对立感。

因此，幽默能使你在谈判中左右逢源。谈判时具有幽默心理能使你情绪良好，充满自信，思路清晰，判断准确。

美国沃思堡市亿万富翁巴斯兄弟被喻为谈判桌上的奇才。

巴斯兄弟想买下行将破产的皮尔公司，但他们却对皮尔公司的董事会说："你们在其他地方或许能找到更好的买主！"并且还将他们可能感兴趣的投标者的名字一一告诉他们。

最后巴斯兄弟说："如果你们没其他选择的话，就来找我们。"

结果巴斯兄弟如愿以偿，这笔生意按他们的设想成交了。

巴斯兄弟的谈判技巧和水平是高超的。他们认为，做生意好比追求女性，如果你狂热地追求她，她会扬长而去；而当你后退时，她却会跟着你走。多么风趣而幽默的构思啊！

谈判中要使自己进退自如，没有幽默力量是难望其项背的。

运用幽默技巧可以消除与顾客之间的紧张感，使整个交际过程轻松愉快，充满人情味。

房地产推销员乔治领着一对夫妇向一栋新楼房走去，他将出卖一套房间给这对夫妇。一路上，他为了推销这套房子，一直喋喋不休地夸耀这栋房子和这个居民区。

"这是一片多么美好的地方啊，阳光明媚，空气洁净，鲜花和绿草遍地都是；这儿的居民从来不知道什么是疾病与死亡。"

就在这时，他们看见一户人家正在忙碌地搬家。这位经纪人马上说："你们看，这位可怜的人……他是这儿的医生，竟因为很久一段时间都无病人光顾，而不得不迁往别处开业谋生了！"

这位推销员的口才甚好，而且反应敏捷，善于随机应变。

这位推销员与其说是在谈推销，还不如说是在调侃推销。我们知道，对于推销者，一般顾客是冷漠相待的，甚至还要忍受常人想象不到的轻蔑和侮辱。但如果每人都有这位推销员的开朗洒脱的心境，又何愁产品销路不畅呢？

小汤姆数学、语文两门考试考得比较差，回到家中对他爸爸说："爸爸，是不是当人家心里难受的时候，不应该再给他精神或肉体上的刺激？"

爸爸回答："那当然。"

　　小汤姆趁机说："那就好，这次考试，我有两门功课不及格，我现在心里很难受。"爸爸只好干瞪眼。

　　小汤姆用自己的聪明和幽默，避免了爸爸可能产生的愤怒情绪，让自己闯过一道难关。要用幽默很好地驾驭听众的情绪，就要在密切注意他们情绪变化的基础上，果断采取措施加以应对。

　　生活在大千世界里的人们时刻都应该控制自己的情绪，这是快乐人生的根本；幽默力量帮你把握心理平衡。幽默是一种特性，能够引发喜悦，带来欢乐，或以愉快的方式娱人。在关键的时候，它还能帮你闯过难关。

用幽默为自己的演讲增彩

刁钻问题巧回答

在日常生活，我们有时会遇到某些人问一些刁钻的问题，想让你难堪，我们就应该学会一些幽默的技巧用以应对这种情况。

一般来说，应对不好回答或者根本无法回答的问题有规则可循，比较容易掌握又非常见效的方法有以下几种：

第一，偷梁换柱，答非所问法。即在表面上保持原貌，在实质上变换其中的内容。

林肯的长相比较难看，他对此颇有自知之明。一次，一位议员当众指责他是个两面派。林肯答道："要是我还有另外一副面孔，您认为我会戴这副面孔出来见人吗？"

林肯故意将对方所指的"政治面孔"，偷换成了自己的"面容"，让捣乱者无懈可击。

偷梁换柱的方法可以将对方问题的焦点转移，转移到自己熟悉和有把握的事情上来，这样就不会给对方留下再一次诘难的余地。而自己熟悉和有把握的事情回答起来就能够滴水不漏，令对方找不到破绽。

第二，利用比喻说明不便直说的道理。

南朝齐梁时期的范缜是能言善辩的佼佼者，他生活在佛教盛

行的包围圈里，由于和迷信公开对立，得罪了不少权贵。

有一次，竟陵王萧子良为了打击范缜，请了众多名人高僧来摆阵挑战。

在范缜发表言论后，萧子良用他早已准备好的问题率先出击："范先生说不存在因果报应，那么请问人世间有富贵贫贱的差异，怎么解释呢？"

萧子良问完后十分得意，他深信，在众多权势者的威逼下，范缜是无法也不敢否认命运的。只要打开这一理论缺口，便可以进一步对范缜《神灭论》展开攻击。

殊不知范缜面不改色，对他提出的问题并不给予针锋相对的正面回答，而是从容不迫地打了一个比喻："人好比我们头顶这棵树上开出来的花，一阵风吹来，有的飘落在锦毯上，有的掉进了泥坑里，王爷就如同落在锦毯上的花，而我就如同掉进了泥坑里的花。"

范缜以落花来比喻人命运的差异，说明人本来都是一样的，由于社会的不公，才产生了地位的差异。幽默入理的话中蕴藏着对权贵者的极端蔑视，可以说是一种外在内贬、软中带硬的反击，其幽默风趣，一语中的，让萧子良无可挑剔。

曾任美国国务卿的亨利·克莱是位温和的蓄奴派领袖，在对待奴隶制的问题上，他被人讽称为"伟大的妥协者"。

有一次，他在演讲中的观点略有变化，便有几个奴隶主想用"嘘"声压倒他的声音。亨利·克莱对此毫不介意，向着听众们喊道："绅士们，你们听到这些声音了吗？这就是真理的甘霖洒落在地狱的火焰上发出的声响啊！"

亨利·克莱的比喻幽默法包含着丰富的内容，他把废除主义比喻为"真理的甘霖"，而把蓄奴主义比喻为"地狱的火焰"，立场面明确、爱憎分明而又不失幽默。

第三，以对方之矛攻他之盾。其要点是，对方的问话从某个角度上说存在着矛盾之处，你只要抓住这个矛盾，从这一点上下手就能非常有效地回击发难者。

仍以范缜为例。有一次，萧子良为了鼓吹佛教的神力，对范缜再次发动攻击，指使了一个叫王琰的说客在范缜发表言论时去捣乱，王琰振振有词道："你不承认自己祖先的神灵，这样的子孙是大逆不道。"

范缜慢条斯理地反问了一句："既然王先生认为祖先死后有神灵，为什么不杀身去侍奉？"

面对这种挑衅，范缜如果据理驳斥，直接回击便会有失雅量。他略加思索，采用谬误反诘。范缜正是抓住了对方话语中的矛盾，从而幽默反诘，让王琰无话可说，使自己处于有利地位。

第四种，跳出常理，似是而非。俗话说："理不歪，笑话不来。"此法正是应了这条规则，其要点是，跳出常理的框框，给难回答的问题找一个意外的解释，从而形成幽默感。

柯立芝总统任期快要结束时，他发表了著名的声明："我不打算再干这个行当了。"

记者们觉得话里有话，就缠住他不放，请他解释为什么不想再当总统了。实在没有办法，柯立芝只好对记者说："因为总统没有提升的机会。"

不想当总统的原因显然不是没有提升机会这么简单。按常理说，不想当总统或者是压力大，或者是其他的原因，多为不能为外人道的。如果费力去解释真正的原因，那势必会引来不必要的麻烦。而柯立芝总统似是而非的一句幽默，既摆脱了记者的纠缠，更体现了高超的智慧。

第五种，把复杂的问题简单化。这是回答许多复杂问题最绝妙的方法，即把复杂的问题回归到最原始的、人所共知的答案中。

在一次宴会上，美国作家海明威的发言引来了许多人的赞叹，

一个臭名昭著的富翁想和他套近乎，就跑到海明威面前。问道："到底哪一种写作方式是最好的呢？"

海明威一见提问者是此人，双手一摊，说："从左到右！"

可想之知，面对一个令人讨厌的人，如果不回答他的问题，便会给人高高在上，不可一世的感觉，为了不给对方留下"耍大牌"的坏印象，海明威巧妙地化繁为简，回答得简单、准确，让听者无可挑剔，高明的敷衍必会让那个讨厌的家伙哑口无言。

第六种，有意模仿。此方法与上面介绍的第三种方法——"以对方之矛攻他之盾"有相似之处，但也有所不同。后者是用对方的语言直接反击对方，而"有意模仿"则是用和对方形式上相似、或者相同的语言来反诘对方。

一位牧师向一位美国黑人领袖提出诘难："先生既有志于黑人解放，非洲黑人多，何不去非洲？"机敏的黑人领袖马上反驳道："阁下既有志于灵魂解放，地狱灵魂多，何不下地狱呢？"

黑人领袖根据牧师的思维方法"非洲黑人多，应去非洲"的诘难进行反问——"地狱灵魂多，何不去地狱"，将球踢给对方，使对方哑口无言，对方荒谬的观点也不攻自破。

幽默解嘲防意外

在演讲的过程中，常常会受到意外因素的干扰，可能对你的演讲造成破坏，为了减少对听众的打扰，有必要学会应付一些临场的意外，一般来说，意外的来源有两种，一是来自听众中恶意分子的骚扰，二是意外的客观现象。

当你的演讲面临打扰但影响的范围不大时，你可以选择不理睬它。但如果他已经吸引了超过1/4听众的注意力时你就有必要对其采取一些行动了。直截了当地请他不要打扰其他的人并不是高明之举，因为这种行为无疑会将听众的注意力从你身上转移到他身上。最好的方法，是使用幽默之术攻其不意。对此，生物学家格瓦列夫为我们做出了表率。

有一次，他在讲课时一个人在下面学起了鸡叫，引起了课堂的一片哄笑声。这时，格瓦列夫镇定自若地看了看挂表，不紧不慢地说："我这只挂表误事了！莫非现在已是凌晨。不过请大家相信我的话，公鸡报晓是低能动物的一种本能。"

格瓦列夫的一番将计就计的幽默，给予了捣乱者有力的回击，对其他人也起到了警策的作用，相信那个企图制造恶作剧的人也会在轻松的笑声中备受启悟。

一次，前苏联诗人马雅可夫斯基正在发表演讲，一个矮胖的人走到讲台上来，指责诗人的演讲有极大的偏见，最后嚷道："我应当提醒你，拿破仑有一句名言'从伟大到可笑，只有一步之差'……"马雅可克夫斯基看了看那人同自己的距离，跨前一步，用赞同的口气说："不错，从伟大到可笑，只有一步之差……"

诗人镇定的回答给了捣乱者有力的回击。这也提醒了我们，遇到那些无理取闹的人，最重要的是要保持冷静，千万不要愤怒，否则就称了那些恶意之人的心意，记住，生气和"危险"只是一念之差。当你沉着应对的时候，对方的气焰反而会有所收敛，如果你此时能运用幽默反戈一击，那糟糕的意外就会变成惊喜的意外。

在演讲时，我们还可能会遇到这样一种尴尬的情况——有位与你身份上下差不多或是高于你的人在你还没开口就抢了足够的风头，不管你接下来再讲什么都会显得逊色几分，这时，恐怕自嘲就是你最好的选择了。

一次偶然的机会，美国大作家马克·吐温与雄辩家琼西·M·德彪应邀参加同一场晚宴。晚宴上，演讲开始了，马克·吐温一上台便滔滔不绝地讲了十几分钟，他语言风趣，思想犀利，赢得了一阵阵热烈的喝彩，就连演讲家德彪也被他深深折服了。接下来，轮到德彪演讲了，德彪站起来，似乎并没有演讲的意思，几秒钟后他面有难色地对听众们说："诸位，实在抱歉，会前马克·吐温先生约我互换演讲稿，所以诸位刚才听到的是我的演讲，衷心感谢诸位认真地倾听以及热情的捧场。然而不知何故，我找不到马克·吐温先生的讲稿了，因此我无法替他讲了。请诸位原谅我坐下。"

德彪面对临场的意外发挥了他幽默的才华，虽然听众们没有听到他精彩的演讲，却看到了他不俗的处世风格，这一段妙言也为他赢得了听众们长久的掌声。

有时候，演讲现场会有一些突然事件，如停电、麦克失灵等状况发生时，可能会妨碍你演讲的顺利进行，使得演讲者与听众之间的信息交流受到阻碍，此时，我们应该巧妙运用幽默，排除干扰，以促进演讲成功。

2006年10月，法国前总统希拉克在北大发表演讲。在回答一位学生的提问时，麦克风忽然出现了故障。尴尬的场面发生了，这时，这位70多岁的老人像孩子一样做了一个顽皮的鬼脸，耸耸肩说："这可不关我的事，我可没碰它。"童真式的幽默引来全场听众的笑声和掌声，尴尬气氛顿时消散，所有人的注意力都再次集中到了他身上。

柯立芝是哈佛大学资深的数学教授。他上课时，有摆弄怀表的习惯。有一次，他在为学生讲解一道题时，又习惯性地摆弄起他的怀表来，一不小心，那表链断了，怀表"咣"的一声落到地上。柯立芝先是一愣，但很快又恢复了常态。他用浓重的波士顿口音对全体学生说道："请各位注意，这是重物直线坠落的一个实例。"

这个及时又恰当的说法让学生们忽略了这个意外的突发事件，反而觉得这次小插曲对理解某种理论有着特殊的意义。

还有时候，在大庭广众之下，我们自己会一不小心犯些小错误，闹一些小笑话，此刻，仍可以用幽默帮助我们表达真诚，并避免听众的嘲笑。

雷莉·布丝是美国20世纪50年代的著名女演员。在一次重大的颁奖活动中，她急步登台，没想到在台阶上绊了一下，险些跌倒在地，全场观众都有些吃惊，有些人甚至笑了起来。只见她不慌不忙地稳住了身体，站在舞台中央，平静地说：

"女士们，先生们，你们刚才看到了，我是经历了什么样的坎坷才站到今天这个台上的。"全场观众顿时掌声如潮。

没有人会再去想起她那一时的丑态，反而对她的机智和幽默赞叹不已。这临场发挥的"一语双关"式的幽默让她"因祸得福"，给观众留下了更为深刻的印象，使观众更加喜欢她、认可她，可见临场解嘲的幽默难能可贵。

让演讲左右逢源

幽默使你的演讲深刻有力，也使你本人令人难忘。但你上台前别企望就此会永垂千古，也不要像赴刑场那样惊慌失措。每个人都有机会在人生舞台上"说几句"。

有个叫贝尔的作家，对政治家们颇有成见，但他受托在一次宴会上介绍一位官员演讲。

贝尔说："我应邀来介绍这样一个人，因正直而受人尊敬，因人道而受人爱戴，因勇敢而受人钦佩。"

他停了片刻，接着说："这样一个领袖，一个有远见的人，卓越的协调者，伟大的政治家，可惜他可能没有来！"

人们全都愣住了，目光一下集中到这位官员身上。

这位官员居然面不改色地站起来，微笑着走向讲台。他说："诸位，贝尔把我介绍得够详细的了，我没什么可补充的。需要更正的是，我来了，因为他说我勇敢，我就来打肿脸充胖子吧。"

这位老练的官员走到指定的位置上，继续说："贝尔把我塞进了蜜蜂桶里，我希望我的舌头能不辜负他赏给我的蜜。"

听众大笑起来，对他的风趣和勇气倍加赞赏。

这种人是凭借咄咄逼人的幽默感走上讲台的，他抓住了介绍者的抵触言论，并以幽默的力量化弊为利。

但也有人是以开自己玩笑的方式走上讲台的，让我们来聆听一下两位演说家的开场白：

> 第一位报出了自己的名字，然后说："不知道在场的有没有我小时候的伙伴？他们知道我有一个不光彩的绰号，但愿他们都没在场！"

> 第二位的开场白更引人注目。这是个身材高大的家伙，五官也大得出奇。他说："女士们，先生们，你们已看到我是个什么样的人了。我的耳朵很大，像贝多芬的耳朵。可是长大以后，我为这对耳朵感到害臊了。不过，现在我对它们已经习惯了。说到底，它对我站在这儿演讲并没有什么妨碍！"

本来，在第一位演说完后，听众已经有点困乏了，但是第二位演说者的开场白又使他们的神经活跃起来，笑声驱逐了困乏。

这些风趣的开场白，无疑要比单调刻板的自我介绍强多了。

一般来说，开场白有两种：一种是速成法，在一瞬间抓住听众的注意力；另一种是渐入法，花几分钟时间让听众逐渐接受你的影响力。不论哪一种方式，幽默和幽默感都将能帮助你顺利地进入主题。

> 一位演说家说："据我了解，幽默的目的在于让听众喜欢上讲演的人。如果他们喜欢讲演的人，那么也必定喜欢他所讲的内容。"

这就是说，运用幽默的力量去驾驭开场白，可以使你与听众建立成功的关系。

这时候开开自己的玩笑，也能使自己的情绪稳定下来，神经得到放松。只要开了头，你就不会感到无从下手，切入正题后会轻松自如。

在演讲中，"即兴"是指不假思索或随兴而起的说话和举动。

但事实上，我们听到的许多即兴之言，都是经过计划和准备的结果。

正如幽默一样，它也并非是表面上看来那样全凭一时偶发的灵感。

英国前首相狄斯雷利有一次演讲得十分成功，有个年轻人向他祝贺说："您刚才那席即兴演说真是太棒啦！"

狄斯雷利回答道："年轻人，这篇即兴演说稿我准备了20年。"

20年未免夸张，但也说明了一个问题——

你要发表一个成功的演说，要想和听众打成一片，就要花时间去收集一些笑话、故事、趣闻或妙语。这些幽默的小东西会使你进入他们的思想和兴趣之中。收集的过程也是创造的过程。持之以恒，并养成这种有趣味的习惯，那么在谈吐中，妙语就会自然而然地从你的大脑中跃出来。这时你就能够表现自发的机智，在任何场合都能赢得他人的尊重。

任何伟大的即兴演说家，都是通过这种努力获得成功的。他们一旦上了台，就会妙语连珠，使听众如痴如醉。

有一位闻名遐迩的演说家，他最使人折服的是能在相当困难的情况下发表即兴演说。

有一次，他在竞选某个职务的活动中发表演说，有一位听众故意发问责难他，最后大叫起来："啊，你这个混蛋！"

这位演说家回答说："这位先生，请你小心一点！你正在骂我最喜爱的人。"

这样的即兴妙言是幽默感丰富的标志。

你既然已经上了台，而且头也开得不坏，那么接下去要做的便是关心你的听众。你要把注意力全部集中在听众身上，直到演讲完毕。当然，通常一个人的注意力不会集中在其中某一个听众身上，注意力在这时会像蜂鸟一样，在听众之间飞来飞去。

要忘掉自己，忘掉一切与演说内容无关的事情。这也许很难，不是每个人都有办法做得到，但是必须努力去做，否则你无法抓住并保持听众的注意力。

一位演讲家在讲台上度过了 40 年生涯，一直有办法使听众爆棚。他全凭幽默的力量，凭着戏剧性效果，一张口就给人以生动、逼真、有趣的感觉，听众全被他吸引住了。

一次他说："对不起，刚才我冒充来宾坐在观众席上。"他做了个手势，"这儿的司仪不知何故突然挑上了我，要我代替今天的主讲人，因为主讲人迟到了。"他耸耸肩，表示无可奈何，"我又惊又慌又怕。我尽力使司仪相信我不知如何是好，我对他说是结巴，当我一开口讲话，我就会变得语无伦次，气也喘不上来。"他真的在某个词上打了结，好容易才摆脱掉，继续说："诸位也是又惊又慌，现在的情况很不安定。也许你们在为我感到难过，并且愤愤不平，说司仪不该把我推入绝境。"他最后吐一口气，说："好吧，也只有这样了，请听众们帮我一把，帮我渡过这个难关吧！"

我们在演说中也可以做点类似的文字游戏，给人以亲切的、可爱的印象。

❤拉近距离的捷径

有位演讲学家曾说过："一次演讲的成功与否，很大程度上取决于听众对你的接受和拥护程度。"如果你面对的是翘首盼望着你去演讲的听众，你与他们本身自然存在着一种贴近感，你凭借早已被他熟知的名望很快会获得赞赏。但在现实生活中，我们面对的听众绝大多数并不是我们的"粉丝"，对那些生疏的甚至怀有某些敌对情绪的听众来说，你的观点和思想都可能会受到近乎苛刻的揣度和挑剔，他们的情绪会使你受到干扰，陷入窘境。那么面对迥然相异的演讲的对象，如何能够以不变应万变，在演讲台上应对自如，百战百胜呢？

不止一名幽默大师提醒我们，先用幽默缩短与听众之间的距离是在任何时候都非常有效的方法。设法和听众打成一片，以幽默冲掉陌生、严肃、沉重甚至是部分听众淡淡的对立情绪，排除部分障碍，淡化反感，就能促使场面变得亲切融洽而随意，有利于你演讲的顺利进行。

美国休斯敦的一位演说家约翰·渥尔夫说："就我了解，幽默的一个重要目的，是让听众喜欢演讲人及其演讲。要是他们喜欢主讲的人，必定喜欢他所讲的内容。"这对那些想要成为幽默高手的朋友们来说绝对是一条至理名言。

我们来看拉近与听众距离的最常见方法——用幽默的方式讨好听众。

里根像大多数演员和政治家一样，很早就滋生了一种博人喜爱的欲望。他常常喜欢用精心安排的幽默语言点缀他的演讲，以赢得特定观众的尊重。

有一次，里根面对一些农民朋友发表演说时，说了这么一件轶事：

一位农民要下一块河水业已干枯的小河谷。这片荒地覆盖着石块，杂草丛生，到处坑坑洼洼。但这位农民朋友并不灰心，仍旧坚持每天去那里辛勤耕耘。

他经过几年的辛勤劳作，终于使荒地变成了花园，他为此深感骄傲和幸福。某日，一位部长光临驾到，顺便想参观一下他的花园。当部长看到瓜果累累，就激动地说："呀！上帝肯定为这片土地祝福过。"他又看到玉米丰收，又说："哎呀！上帝一定也为这些玉米祝福过。"不一会儿，他又赞道："天哪！上帝和你在这片土地上竟取得了这么大的成绩呀？"

这位农民禁不住说："我尊敬的先生，我真希望你能看到上帝独自管理这片土地时，这里什么模样。"

这一段话赢得了农民们的欢心，而里根也达到了拉近与听众距离的目的。

一般人都认为，演讲者多少有些居高临下的感觉，这恰恰是许多听众并不喜欢的感觉，如果你坚持要以这种姿态去说服听众，必定难以与听众打成一片，而有意将你的"高级身份"往低处说，则能够显示出某种非同寻常的幽默效果，这也是拉近与听众距离的一种方法。

1860年，林肯作为共和党的总统候选人，参加了竞选。他的

对手民主党人道格拉斯是一位有钱有势的大富翁，竞选时，道格拉斯为了显示气派，租用了豪华的竞选列车，组织了乐队，每到一站鸣礼炮32响，意在从气势上打倒林肯，他甚至还十分得意地说："我要让林肯这个乡下佬闻闻我的贵族气味。"

而林肯呢，没有专车，甚至要买票乘车，每到一处，没有丝毫的排场，他只是和选民们说："我只是一个穷棒子。你们知道，我有一个妻子一个儿子，他们才是我的无价之宝。另外，我还租了一间房子，屋子里放有一张桌子一把椅子，墙角里有一个柜子，柜子里的书值得我读一辈子。我的脸长满胡子，我不会发福挺起大肚子，我唯一可以依靠的就是你们——我的选民！"

道格拉斯虽然排场很大，声势浩大，然而选民却深感与他之间有很大的距离。林肯运用自我解嘲的方法，嘲笑自己的状况、短处，有意将总统的身份摆得很低，这就将语流引向了"低处"，而又将选民的位置摆得很高，幽默、谦虚的言词，拉近了与民众的距离，令听者无不动容。

艾森豪威尔在任哥伦比亚大学校长时，一次，轮到他最后演讲时，时间已经不早了。这时，艾森豪威尔决定投其所好，放弃原来的演讲计划，早早收场。

他站起来对听众慢慢地说："每篇演说不论其形式如何，都应该有标点符号。今天，我就是这标点符号的句号。"说完，他出人意料地坐了下来。

当听众明白过来是怎么一回事时，大厅里响起了雷鸣般的掌声。

这次演说的成功，就在于艾森豪威尔及时看到听众在接受了很长时间的演讲灌输后，情绪变得急躁起来，于是，他果断地、出乎听众意料地结束了演讲，而这种出乎意料恰恰产生了一种幽默效果，他这一句话的演讲抵得过千言万语，他恰当地顾忌到听众的情绪，自然更加赢得了听众的好感。艾森豪威尔当时也感到十分得意。他后来对人说，这是他最著名的一次演说。

不管你想采用何种方法去亲近你的听众，都不要忽略其中最重要原则——从听众喜欢听到的事情入手。有经验的演说家大多认为，以共同具有的经历为背景制造幽默能非常有效地引起听众的共鸣。而事实也证明，一个有关你周围人的笑话所产生的效果要比那些听众不熟悉的好许多倍。

因此，你也应该向那些讲台上的佼佼者学习，在演讲前尽可能多地与你的听众闲聊或以其他的途径了解他们，特别是发生在他们之间的趣闻轶事。当你了解到什么样的内容能让他们感到亲切，什么样的笑话能让他们发笑时，就一定要围绕这些内容做文章。如果你的演讲能引起他们的兴趣，他们是不会不喜欢你，更不会不注意的，这样一来，便为你演讲的成功打好了群众基础，也相当于迈出你雄霸讲坛的第一步。

演讲中的大救星

用幽默造成一种轻松、愉悦的心态和氛围，使听众置身其中，你可以借助幽默的力量来建立你谈困难话题的信誉。当你谈到某些重要而敏感的话题时，你会引起听众对某人、某种想法或某机构、制度的情绪。这时要务必小心，不要引起太激烈或太深切的情绪，避免对太敏感的话题说笑话。

你的基本信誉包括笑谈自己。伟大的幽默家常以趣味的方式表现人的基本冲动，他们坦承自己有这样的欲望，显露出我们欲加掩盖或克制的事情，向我们证明他能笑谈自己。

你以承认自己有这些不甚高雅的冲动来笑谈自己，往这方向你希望走得多远，完全取决于你个人的感觉，只要不带给自己不舒服的感觉。让你自己成为开玩笑的对象，但是不要流于丑角，切记善待你自己。

在演讲进行中，听众产生的问题大约可归纳成三种形式。不论是哪一种，受到困扰的都是我们！

当幽默运用不当，或者插入得太突兀，都会失效。或者当我们不了解听众时，幽默也会失灵。

我们从实际经验中学习。当我们把这一点幽默试过一两次，如果还是不起作用，最好的方法就是下次演讲时不再用它。

当你所用的幽默失败，在这尴尬的时刻，要能自我解嘲，可以这样说：

"这个笑话的奥妙之处，得要出动联邦调查局来发现。"

你以这句话笑自己并和听众一起笑。或者："在我没讲更多的笑话之前，我有个主意，如果你听了这个笑话就笑，我便免费奉送五个笑话。"

我们称这类妙语为"救星"。救星不仅能帮助你应付讲台上的情况，而且对生活中任何尴尬或困窘的场面均有解围的效果。

当你在演讲中需要有什么"救星"来帮助你时，不妨试试下面这些：

"我知道你就在那里，因为我听得到你的呼吸声。"或者当你看见听众之中某人正对邻座耳语时，你说："为什么你不回家后再解释给他听？"

这些幽默范例，也不算是什么惊世骇俗的语句。它们只是在前一则笑话趋于单调平淡之时，为你解围而已。笑是听众为你的演讲所付出的，你能帮助他们付出。

当演讲进行中发生出其不意的事情时，通常以说句话来解围，这类解围的话姑且称之为"救星"。

如果时间拖延得太长，听众之中已有人坐不住，开始嘀嘀咕咕，就不妨利用这嘈杂声说：

"我们等了这么久，我好像听到兀鹰在我们头上嗡嗡盘旋了。"

任何琐碎的问题和意外的事件，都可以一句解围话来化解：

"这场面很难应付，好像手上抓了一把大衣架子，却不知从哪儿挂起。"

对一群不易应付的听众演讲完后，听众之中有人问演讲人："你把他们杀掉了吗？"

演讲人回答："没有，我到达的时候，他们已经死了。"

是的，有时听众很不好应付！每一位听众都不同，每一种情况也都不同。无法控制的情况可能造成难缠甚至敌视的态度。为了扭转这种态度，必须以和善、有礼、愉快的姿态去面对，不论发生什么情况。切记幽默力量能帮助我们消除听众的紧张情绪。

演讲家贝特为了使每一位听众都成为好听众，如果中途有人打断，贝特总是利用当时的情况来说句解围话。

比如说他会问打断的人："先生，请问贵姓？"如果他回答的是一个罕有的姓氏，贝特再问："那是您的真实姓名，还是您捏造的？"然后贝特就向这个人开玩笑，尽量使他觉得自在。贝特之所以这样做，是基于大多数人宁可被开玩笑，而不愿被人忽视，并且每个人都希望被包容，而不愿遭受排斥。最大的侮辱，莫过于忽视。

演说家麦法伦有时会在演讲结束后，让听众提出问题。偶尔会有一个人挤到前面来，说是要问问题，其实是想发表一通演说。这种人会滔滔不绝地讲了五分钟还不罢休。

当这人终于为他的长篇大论作了结语，麦法伦会问他："是不是可以请你把问题重复一遍？"

这样一句解围话每次都会使听众爆发出一阵笑声，就这样使一件不太愉快的打插溜过去，讲话继续顺利进行。

注意，不要告诉听众你的演讲现在要结束了，尽量避免提到"现在来做个总结"，也不要以身体的动作来表示你的演讲已近尾声，否则会使听众开始帮你计时，算计还有多久结束，而不会专心听你演讲。

要使听众有意犹未尽之感。当你的演讲简短、有力、切题。并以幽默力量来使它更活泼生动，结束得也很好时，那么听众就会产生意犹未尽之感。

你该让他们"笑声缭绕"吗？并不一定。有的演讲需要高度严肃、高度戏剧的结尾，有的则需要以简短的幽默来结束。具体的做法如何，完全决定于你的演讲要传达的信息是什么，会议的性质如何，听众的组成，甚至还要看演讲是在一天之中的什么时候举行。

当你演讲的场合是宴会或其他联谊性的餐会，当你的演讲是在一天快结束的时候举行，都可以用幽默来结尾，当然还要和你讲的主题有关。用幽默力量来消除听众一天的疲劳，使他们精神得到清新的鼓舞。

例如：

"今天我是最后一个演讲人了，所以我们现在可以轻松一下。"

"今晚我吃了那么多鸡肉，我想我是要回去栖息了，不是回去睡觉。"

大多数情况下，你在演讲结束前不要勉强自己笑，结尾会更有效，最好试试唤起听众对你会心的一笑。以温和的幽默力量来述说一个事实，或表达一句妙语，或者对听众的一声祝福，都会收到莫大的效果。

"时光飞逝。但是记住，你就是领航员！"

"如果你看昨日所为，仍然觉得大有成就，那么你今天便一无所成！"

"不教你的孙子工作，无异于教他们偷窃。"

注意，善于灵活运用幽默，让听众带着愉悦的心情开心地听你的演讲，这样你的演讲一定会大获成功。

靠幽默铺出美好人生之路

用幽默装点人生

卓别林说过："所谓幽默，就是我们在看来是正常的行为中觉察出的细微差别，换句话说，通过幽默，我们在貌似正常的现象中看出了不正常的现象，在貌似重要的事物中看出了不重要的事物。"

大千世界，错综复杂，动物中有明显的不平等的现象，无识无知的土石草木，甚至也难以享受平等一律的待遇。同是一块土，就有人将它塑成神像，受人跪拜。有人将它烧成夜壶，受人便溺。

天下之事，往上比，往往心烦意乱，怨天尤人。向下比，往往心安意定，无所怨尤。

现代生活中奔波的人们，首先要承认自己在社会中所扮演的角色，其次才是或奋勉追求，或安心乐道。奋勉追求者，善于从别人所忽略的方面迎头赶上，不可不谓为大智；安心乐道者，善于从现有的实际生活中捕捉人生真谛，逍遥纯朴自在，不可不谓为大慧。而不论奋勉追求还是安心乐道，均有不遂己愿在里头。能从各种不如意中解脱，超脱人世尘俗琐屑之物，方为大智大慧。

幽默并非指一种无忧无虑的快感，它善于从生活中寻求欢乐，并在美学观点的间隙中游戏般地求得某种独一无二的均衡。幽默对于人们生活中表现出来的悲观厌世、看破红尘报以善意同情的微笑，它的力量均出自丰富的情感生活。幽默基于人们自身笑的功能之上，其笑的特征往往取决于时间、地点和国籍，鉴于这种缘故，幽默才越发扑朔迷离，不易理解。

研究幽默的专家特鲁·赫伯说过："幽默来源于两个世界：一个是客观世界，一个是内心世界，当你把两个世界统一起来，并有足够的技巧去表现你身上的幽默力量，你会发现你正置身于一个趣味世界。"

人的一生，只是在奔忙、恐惧与希望中过日子。至于安逸、快乐与满意，不过是一种心态积极的反映。于是，有人说：人生在世，乐不抵苦。

希望是维持人生的一种精神支柱。它虽无形无象，可是它的潜力极大。

自古上有圣贤豪杰，下有匹夫布衣，全都受它的支配。有它作主，人活着就有精神；它若离开你，你的生活就无趣味。

希望是世界进化的原动力，是催人前进的"吗啡针"。人之所以求学习艺，奔波劳碌，熙来攘往，争名夺利，生儿养女，拜佛求神，以至于创主义、讲学说，全是被希望所驱使的。

自从人类懂得应用幽默的力量以来，就增添了无数的希望与活力；自从人类开始有烦恼以来，就懂得了如何用希望、活力、幽默来开脱烦恼、活跃人生。

人世间有了幽默，希望就变得厚实而丰富；而推动人类前进的希望又使得幽默变得理智而疯狂。

弗洛伊德曾经说过："犹如玩笑与滑稽事件，幽默具有某种解脱性成分，但它还有从智力活动中获取愉悦的另外两种途径所缺少的伟大和崇高之处。

其伟大显然在于自爱的胜利，在于原我的不可摧毁的辉煌肯定。原我拒绝为现实的挑衅而悲伤，不让自己被迫受难。它坚信外部世界的创伤无法影响它；事实上，这种创伤只不过是它取得愉悦的机会。"

人生在世，固然不能一味沉溺于欢天乐地之中，但也不能长存于愁云惨雾之中。幽默之于人生，犹如愁云惨雾过后的光风霁月。人，固然不能骄傲自大，但也不能自轻自贱。保存一份真诚，持有一个真我，需要幽默来消除时而蒙在人脸上的创伤与虚伪。

长流的水，必是有源。繁茂的树，必是有根。水流，得泉源的接济才

不干涸。树木，受根本的滋养才能发芽。人生中的创伤，犹如饭菜中的盐；尽管有的饭菜不用盐仍能入口，但不如用盐的多味。人生平坦，多是无味；人生多舛，多是杂味。经受一点创伤，增添一份趣味。其中幽默对创伤的转化，犹如泉源对水流的接济，使得人生更富趣味。

♥ 幽默地表达不满

　　我们每个人都难免对社会上的某人某事有些不满，有人喜欢以牢骚、抱怨、诉苦的方式发泄，许多聪明人则能够用妙语、笑话等幽默的方式作为自己消气的活塞，这便是幽默的一个特殊的功能——"匡正时弊"，即讽刺丑恶的现象以及那些不够磊落的人。

　　当你试图表达对某人的不满，又不愿意激化矛盾时，幽默是最好的武器。

　　　儿子问父亲："爸爸，阿尔卑斯山在哪里？"

　　　父亲漫不经心地回答说："去问你妈！她把什么东西都藏起来了。"

　　这位父亲对妻子喜欢藏东西的行为是不满的，但他没有明说，而是幽默地表达出来。当你以幽默的言语与亲人交流时，你可以制造机会并获得你想要的东西。

　　　妈妈控制儿子的零花钱，有一位儿子回家时，装作气喘如牛的样子，却又得意洋洋地对妈妈说："我一路跟在公共汽车后面跑回来，"他喘着气说，"这一来我省了一元钱。"

　　　妈妈笑着说："你何不跟在计程车后面跑，可以省下5元钱！"

　　上面这个幽默故事中，儿子所说的明显是假的，他是对妈妈给的零花钱太少表示不满，他不得不省钱跑回来。妈妈理解儿子的意思，在莞尔一笑的同时，以幽默的话回避了儿子的话题。

三个外科医生争夸自己的医术。

第一个说："我给一个男人接上了胳膊，他现在是全国闻名的棒球手。"

第二个说："我给一个人接好了腿，他现在是世界著名的长跑运动员。"

"你们的都不算什么奇迹，"第三个说，"我为一个白痴装上了笑容，他现在已是国会议员了。"

如果你想发挥幽默力量来帮助你平息人生风暴，与他人建立和谐的关系，最终达成你的人生目标，那么赶紧将这力量付诸实行。运用幽默的力量没什么秘诀可言，惟有"实行"二字！幽默的力量不会从天而降，需要计划和练习来创造它、发展它。

马克·吐温在一次酒会上答记者问时说："美国国会中有些议员是狗娘子养的。"记者将他的话公之于众，华盛顿的议员们一定要马克·吐温在报上登个启事，赔礼道歉。马克·吐温迫于压力，只好写了一张启事，其内容如下：

以前鄙人在酒席上发言，说有些国会议员是狗娘子养的，我再三考虑，觉得此言不妥当，而且不合事实，特登报声明，把我的话修改成：美国国会中有些议员不是狗娘子养的。

把"是"改为"不是"，却表示着同样的意思，这则形式上的"道歉"让人大跌眼镜，其巧妙之处不言而喻，其讽刺力量有过之而无不及，实在绝妙。

再来看一则比较柔和的讽刺幽默。

18世纪英国著名的讽刺作家和政治家斯威夫特有很多朋友，其中一个是英格兰驻爱尔兰总督的妻子卡特莱特夫人。

一天，他们在一起聊天，无意间，这位夫人赞叹起爱尔兰的一切来："爱尔兰大地上的空气可真好。"

一听此话，斯威夫特马上做手势恳求道："夫人，看在上帝分上，请您千万别在英格兰讲这句话，不然他们一定会为这空气征税的。"

近乎荒唐的表达说出了斯威夫特对英各兰税收制度的不满，讽刺意味迭出，可谓绵里藏针。

银行柜台前排了长长的队，而且越来越长，但里面的工作人员一点也没有加快速度的意思，还不时地与周围的同事聊天，管理员也对此不闻不问。队伍中的一位男士实在忍不住了，便拉住经理，走到一个挺着大肚子的孕妇跟前，说："我得打听一个私人问题，请您告诉这位经理，你开始排队的时候有没有怀孕?"

幽默的讽刺性在这里运用得恰如其分，表面上貌似温和地说别人的私事，实质上则是讽刺银行的管理不善及效率低下，在引人发笑同时，必会使该经理格外重视。

诗人拜伦在泰晤士河岸散步时，看到一个落水的富翁被一个穷人冒着生命危险救上岸，然而，吝啬的富翁只给了这个穷人一个便士。

聚集在岸边围观的人们非常气愤，叫嚷着要把这个忘恩负义的家伙重新抛到河里去。这时，拜伦阻止他们说："把他放了吧!他自己清楚他的价值几何。"

拜伦的幽默是很有戏剧性的，妙处在于对富人的吝啬作出了特殊的解释，把给别人报酬之低转化为对自己生命价值的低估，表面上他扭转了众人的愤激，给富人台阶下，实质上却是给予了这个为富不仁的家伙一计重拳。

在一次有关兵力问题的讨论中，有人问林肯："南方军在战场上有多少人?"

"120万。"林肯非常干脆地回答说。

这个数字远远超过了南方军的实际兵力。望着周围一张张充满惊愕和疑虑的脸，林肯接着说："一点不错——120万。你们知道，我们的那些将军们每次作战失利后，总是对我说寡不敌众，敌人的兵力至少是我军的3倍，而我又不得不相信他们。目前我军在战场上有40万人，所以南方军是120万，这点是毫无疑问的。"

林肯的回答看似无理，实则有理可循，这些数据是从对方口中接过来以逻辑的方法回敬过去的，对方要反击，除了否认自己曾经所说的话以外，别无他法。这种"以谬治谬"的回答必会让那些爱找理由的军官无地自容，讽刺的效果不言而喻。

在《基度山伯爵》一书中，大仲马把法国的伊夫堡安排为囚禁爱德蒙·邓蒂斯和他的难友法利亚长老的监狱。

1844年该书出版后，无数好奇的读者纷纷来到这座阴凄的古堡参观。古堡的看守人也煞有介事地向每个来访者介绍那两间当年邓蒂斯和法利亚的囚室。人们好奇心得到了满足，而看守人则相应的得到了一点小费。

一天，一位衣着体面的绅士来到伊夫堡。看守人照例把他带到囚室参观。当听完了例行的一番有声有色的独白之后，来访者问道："那么说，你是认识爱德蒙·邓蒂斯的喽？"

"是的，先生，这孩子真够可怜的，您也知道，世道对他太不公正了，所以，有时候，我就多给他一点食品，或者偷偷地给他一小杯酒。"

"您真是一位好人。"绅士面带微笑地说，边说边把一枚金币连同一张名片放在看守人手里，"请收下吧，这是你对我儿子的好心所应得的报酬。"绅士走了，看守人拿着名片一看，上面用漂亮的字体印着来访者的姓名：大仲马。

编辑："这首诗是你自己写的吗？"

作者："是的，每一句都是我写的。"

编辑："拜伦先生，我看到你我很高兴，我以为您死了已经几百年了。"

对一些无伤大雅的谎言，不留情面地拆穿未免有些流于残忍，以上两个小故事中的主人公均使用幽默点到为止，反而使谈话更具艺术感，并让人感到惭愧。

有一天，萧伯纳应邀参加了一个丰盛的晚宴。席间有一青年在大文豪面前滔滔不绝地吹嘘自己的天才，好像自己天南海北样样通晓，大有不可一世的气概。

起初，萧伯纳缄口不言，洗耳恭听。后来，愈听愈觉得不是滋味。最后，他终于忍不住了，便开口说道："年轻的朋友，只要我们两人联合起来，世界上的事情就无一不晓了。"

那人惊愕地说："未必如此吧，先生为何会这样说？"

萧伯纳说："怎么不是，你是这样地精通世界万物，不过，尚有一点欠缺，就是不知夸夸其谈会使丰盛的佳肴也变得淡而无味，而我刚好知道这一点，咱合起来，岂不是无一不晓了吗？"

看似赞美，实则讽刺，把一些不便出口的有伤大雅的字眼包含在其中，这要比直接请他闭嘴含蓄得多，也有效得多。

在利用幽默讽刺这一方法时有两点要求需要注意。第一是确保听这话的人能明白你讽刺中有趣的一面，而且能对它做出趣味的思考。第二是要谨慎，有时对某处现象极端的表述可能会引起当事人的不快，对某人过分的侮辱也极易刺伤他人的心，我们在使用幽默的语言时应尽量避免这种情况，尽量让你的幽默语温和地说出口。

♥ 调出生活好美味

美国的赫伯·特鲁曾经说过："焦虑和紧张是现代生活中的常见病。一些严重的社会问题，如能源紧缺、通货膨胀等，对我们每个人都有影响，使我们在经济上感受到压力，担心自己的事业能否发展。或者，我们为自己的青春不驻和面容衰老而忧闷，为这个世界只看重外表和金钱，不注重真才实学而愤慨。然而，幽默的伟大力量能帮助我们认识到，与社会和人生的重大问题相比，我们的某些状况显得微不足道。如果我们能够轻松地看待那些日常小事，就可以免除许多不必要的紧张和忧虑，使自己心情舒畅，还能以此开导他人。"

在生活中，我们总会遇到不尽如人意的事，它们令你头疼，令你烦闷，令你长吁短叹。此时，你不妨学着在心中种一棵"忘忧草"，让它帮你遮挡忧郁，给你的心灵带来芳香与快乐。"忘忧草"可以是一本秘密日记，可以是一次倾情诉说，可以是一曲高山流水，可以是一次翩翩起舞，更可以是幽默的调侃！要知道，幽默是生活中的调味剂，它能够调剂酸甜苦辣咸，让生活的味道适合自己的心性；幽默是人生路上的调色板，能够调制赤橙黄绿青蓝紫，让生活充满七彩的光辉。

有这样一则故事：经常读白字的教书先生，来到一家教书。东家跟他说："每年给谷子三石，伙食费四千。如果教一个白字，就罚谷一石；教一句白字，罚钱二千。"

一天，教书先生和东家在街上闲走，见一块石头上刻着"泰山石敢当"几个字，先生念成了"泰山石取当"。东家说："白字一个罚谷一石。"

在书房，先生教学生读《论语》，把"曾子曰"读作"曹子曰"，"卿大夫"念作"乡大夫"。东家说："又是两个白字，三石谷子全罚光，只剩伙食费四千钱。"

另一天，先生又把"季庚子"读作"李麻子"，"王曰叟"念作"王四嫂"。东家说："又是两个白字句，全年伙食费四千，全部扣掉。"

于是先生作诗调侃此事道："三石租谷苦教徒，先被泰山石取乎。一石输在'曹子曰'，一石送与'乡大夫'。"接着又咏叹道："四千伙食不为少，可惜四季全扣了。二千赠给李麻子，二千送给王四嫂。"

这位教书先生虽然屡犯错误，读白字成了家常便饭。难得的是，他懂得幽默，利用幽默给生活增添色彩，用笑声冲刷掉不如意在生活中的留下的痕迹。所以，他依旧生活得悠然自得，不会因此耿耿于怀。

是的，生活中总会遇到些不如意，但我们只要学会换个角度看问题，幽默地审视生活，便会很快调整好自己的心态。失恋了，你可以幽默地安慰自己：失去的只是一朵花，而整个春天还是自己的；晚上走夜路遭遇抢劫，"奉献"了200元，你很恼火，可以幽默地说谢天谢地，幸亏只是要了钱没要命；生意刚刚亏了一笔，可以幽默地说没关系，有赚有赔才叫生意！吃一堑长一智嘛！睡一觉，明天的太阳照样升起……

实际上，不光是当生活遭遇困境的时候，在其他时刻，我们也可以把幽默当作生活的调味剂，让本来贫乏的生活有滋有味，让本已有味的生活味道更加浓烈。

> 一个人去看病。他对医生说："大夫，我的肚子疼极了。"
>
> "你昨天吃什么东西了？"大夫问。
>
> "不熟的果子。"病人回答。
>
> "那就给你开点眼药吧？"
>
> "干吗要治眼睛呢？"
>
> "使你以后在吃东西之前先能把东西看清楚。"

"比海更宽的是天空，比天空更大的是人的心灵"，无论生活如何将你压缩在一个四方的小盒子里，但思维的空间是不受限制的，幽默的情怀是没有藩篱的，无比宽广，任你驰骋，来去自如。学会幽默，把幽默当作生活的调味剂，你就会活得更加潇洒，更加幸福。让我们细细地品味一下史蒂芬斯的名言："世俗生活最有价值的事就是幽默感。"

❤ 无幽默不成人生

幽默是一种滋养人生的养料。它产生在人们的爱与被爱的基础上，是人们改善自己和面对生活困境时而产生的一种需要。

在真正的幽默中活跃着被崇高的、美好的愿望所唤起的炽热的爱情、快乐、激情、钻研精神、坚持斗争的毅力和愤怒，对丑陋事物和反动势力的鄙视。真正的幽默要求感情丰富，思想明确，思维敏捷。

　　大臣托马斯·英吕斯在绞刑架下对一个目击者说："请帮我一把，扶我上去，我不会请求你帮助我下来的。"

在这里，幽默不仅是一种生活的风格，不仅是人在种种苦恼面前所采取的一种明智的态度，而且又是一种绝望的礼仪。

　　克雷洛夫长得很胖，又爱穿黑衣服。一次，一位贵族看到他在散步，便冲着他大叫："你看，来了一朵乌云！"
　　"怪不得蛤蟆开始叫了！"克雷洛夫看着臃肿的贵族叫道。

幽默有时会给人一些苦味，之后思之又感到苦中有甜，有时哈哈笑，有时啼笑皆非，在苦乐之后又回味到某种寓意，进而给人以启发和感触。
　　真正的幽默多出于热情而少出于理智。幽默并非鄙夷，其真义在于爱；它不是出现在哄笑里，而是出现在安详的微笑里。
　　凡善于幽默的人，其谐趣必愈幽隐，而善于鉴赏幽默的人，其欣赏尤在内心静默的领会。大有不可与外人道之滋味，与粗鄙显露的笑话不同，幽默愈幽愈默而愈妙。
　　如果幽默的一种是富有喜剧性味道的同情，那么，另外更为重要的一种则是真正的哲学家的笑。它产生于事物的极端伟大和无限渺小之间的对比。
　　在拜伦的唐璜那种由庄严而突然变得滑稽当中，在福斯塔夫那种对于荣誉和勇敢的诽谤当中，在阿尔塞斯特被拴在一个卖弄风骚的女人的裙带上面，以及在把富有骑士的不朽精神的堂吉诃德，与他那缺乏想象力，平庸的伴侣配置在一起从事冒险活动当中，我们都碰到了这样的一种笑。
　　没有什么行为现象能像幽默那样表现出如此众多似是而非的矛盾对立。
　　一则笑话可能会使某人捧腹大笑，但对另一个人来说，或许就显得令人生厌，甚至使人毛骨悚然。领悟笑话需要运用智力，而再转述出其思想内容，幽默便荡然无存了。一个笑话听起来或许荒诞无稽，但其中可能寓藏着深刻的真理。一句妙语或一阵笑声既可表达友好和慈爱，亦可流露出挖苦与敌意。事实上，无所顾忌的大笑既可以意味着疯狂，也可以意味着心情舒畅。

人们可以把幽默乐趣看作进入幽默幻觉的享受，而把什么逻辑法则、时间、地点、现实合乎体统的举止等统统抛到九霄云外。这个幽默幻觉中活灵活现的世界与艺术中的美学幻觉，以及在表演、游戏和文学中所找到的世界相类似。在此，"这是为了寻开心"这一超然话语就可使无视现实和规矩成为合法。挑逗、亵渎和胡言乱语暂时也都是容许的了。从小丑丑态百出的动作到电视演播的滑稽剧，这种喜剧性幻觉的享受使观众从现实的束缚、禁锢中解放出来。

美国一家著名时装公司的企业家史度菲说："世界上最美妙的声音就是笑声，它比任何音乐或娓娓悄语都美妙。谁能使他的朋友、同事、顾客、亲人们发出笑声，那么，他就在弹奏无与伦比的音乐。"

一张笑脸是如此可爱，能使人联想到盛开的鲜花与火红的朝阳，它可以给人温馨和美的感受。笑使男人变得亲切，使女人更加妩媚。笑的魅力诱人，日常生活中不可或缺，就如同世界不能没有阳光一样。

在一个企业俱乐部的舞会上，有一个职员逗他偶遇的舞伴开心说："你瞧一瞧那个老傻瓜，他就是我们的经理，我在一生中没有看见过像他这样的白痴。"

"您知道我是谁吗？"女的问。

"还不了解。"

"我就是你们经理的妻子。"

"而你知道我是谁吗？"男的问。

"不知道。"

"啊，这就谢天谢地啦。"

人类的理想世界难以是一个合理的世界，在任何意义上说来，也不是一个十全十美的世界，而是一个缺陷会随时地被看出，纷争也会合理地被解决的世界。对于人类，这是我们所希冀的最好的东西，也是我们能够合理地希望它实现的。

幽默也有雅俗不同，愈幽而愈雅，愈露而愈俗。幽默固不必皆幽隽典雅，然以艺术论自是幽隽较显露者为佳。幽默固可使人嫣然哑然而笑，失

声呵呵大笑，甚至于"喷饭""捧腹"而笑，而文字上最堪欣赏的幽默，却只能够使大家嘴角儿露出轻轻的一弯微笑。

最崇高的梦想似乎包含着这几样东西：思想的简朴性，哲学的轻逸性和微妙的常识，才能使这种合理的文化创造成功。而微妙的常识，哲学的轻逸性和思想的简朴性，恰巧也正是幽默的特性，而且非由幽默不能产生。

> 小玲："现在的人愈来愈不老实了，借人家的书都不还，我的一本《红楼梦》不知流落何处了。"
>
> 阿琴："不对吧！我那天明明在你家书架上看到一本。"
>
> 小玲："那一本是别人的。"

世上的幽默千变万化，有的属于嘲笑，有的充满同情怜悯，还有的纯属荒诞古怪。

清代扬州文人石天基在他所编的笑话集《笑得好》初集的题解中说："人以笑话为笑，我以笑话醒人，虽然游戏之味，可称度世金针。"

明代通俗文学大家冯梦龙在《笑府》一书的序中写道："古今世界一大'笑府'。我与若皆在其中供话柄，不话不成人，不笑不成话，不笑不话，不成世界。"

♥ 好心态来自幽默

凤凰城著名演说家罗伯特说："我发现幽默具有一种把年龄变为心理状态的力量，而不是生理状态的。"他还有另外一句著名的妙语："青春永驻的秘诀是谎报年龄。"他70岁生日时，有很多朋友来看望他，其中有人劝他戴上帽子，因为他头顶秃了。罗伯特回答说："你不知道光着秃头有多好，我是第一个知道下雨的人。"

幽默能让世人笑口常开，从而能从一种乐观向上的生活态度中获得幸福的感觉。

> 在一个小山村里，有一对残疾夫妇，女人双腿瘫痪，男人双目失明。他们播种、管理、收获……一年四季，女人用眼睛观察世界，男人用双腿丈量生活。时光如水，却始终没有冲刷掉洋溢

在他们脸上的幸福。

有人问他们为什么如此幸福时，他们异口同声地反问："我们为什么不幸福呢？"男人笑着说："我双目失明，才能完全拥有我妻子的眼睛！"女人也微笑着说："我双腿瘫痪，我才完全拥有他的双腿啊！"

这就是幸福，一种乐观豁达的胸怀，一种左右逢源的幽默人生佳境！拥有了这种胸怀和这种境界，心灵就犹如有了源头的活水，我们就能用心灵的眼睛去发现幸福，发现美。在我们眼中，姹紫嫣红、草长莺飞是美的；大漠孤烟、长河落日也是美的；我们甚至可以用心领会到"留得残荷听雨声"、"菊残犹有傲霜枝"的优美意境。这就是乐观，这就是幸福……

如果我们像那对夫妇一样，抱着这种乐观的生活态度，去发现幽默，发现幸福，我们必然能生活在欢声笑语中。

欢乐和笑声是人们生活中必备的保健品，它使人们总能保持一种乐观的生活态度。只要幽默存在，就能使人放松心情，而唯有幽默者才能在任何情况下都保持宽松的心境。

拥有乐观的人生态度是幸福的支柱。而幸福是乐观要抵达的目的地，要想使自己幸福，就要首先具备乐观的精神、幽默的心态。

生活是多姿多彩的，关键是你用什么样的眼光来看待它。拥有一个正确的视角，你会发现生活原来如此美好。

♥ 幽默推动创造力

世界是客观存在的，我们作为人既有适应它的一面，也有改造它的一面，不论这个世界是好还是坏，我们每个人都不可能脱离它而存在，我们不能自己拔着自己的头发离开地球。对于自己，我们既不应该目空一切，也不应该自卑自怨，而应老老实实地承认自己的弱点，更看重自己的潜力。人们活着的中心命题是：如何在这个既成的纷繁世界中，使自己的生命散发出更多的火花。

车尔尼雪夫斯基曾经说过："那些理解所有崇高、高贵以及合乎道德的事物的全部伟大和全部价值的人，对幽默都怀有好感，他们为了能够热爱这些东西而感受到鼓舞。他们感到本身也有许多高贵品性、许多智慧、真正的人的尊严，因此他们尊敬自己，爱自己。但是要成为一个爱好幽默的人，这却还很不够。凡是爱好幽默的人，凡是天性委婉、容易激动同时又善于观察、公正不阿的人，在他们的目光下，随便什么琐碎、寒碜、渺小、卑微的东西都是无法隐遁的。一个爱好幽默的人既然认识自己的内在价值，他就十分深刻地看到在他的处境中、在他的外表上，在他的性格里的一切渺小、无益、可笑、卑微的东西。"

幽默的人，能从人类伟大之处发现渺小，能从社会的圆周之处发现残缺，从悲剧中看出喜剧，是对人世间如烟世事的大彻大悟和大智大勇。

富兰克林在法国时，常去和一位年老的波旁王朝的女公爵下象棋。一次富兰克林将了她的军，吃掉了她的王。女公爵抗议说："我们不能这样吃掉'王'。"

"在美国，我们就是这样对付国王的。"富兰克林这样回答她。

富兰克林从幽默中发挥出了无穷的活力，获得了辉煌的成功。他不仅是政治家、外交家，还是作家、印刷业者、出版者、编辑、科学家、发明家、将军、大使和哲学家。可谁能想到，当时富兰克林的岳母却唯恐他养不起她的女儿；当他开了一家印刷店，当时美国已有了两家，他的岳母却担心这个国家不再需要第三家。

有一次，一个可爱而多话的女人在宴会得到机会接近留声机的发明者爱迪生。她喋喋不休地说了10分钟，如何庆幸能见到一个如此伟大的人物之类的恭维话，又问到："告诉我，亲爱的爱迪生，你真的是第一个发明会说话的机器的人吗？"

"老天！"爱迪生答道，"第一个会说话的机器是用亚当筋骨在伊甸园里制成，我所发明的是一种可以关闭的说话机器！"

幽默给了爱迪生以无穷的活力，以至于他一生取得了1093种发明的专利权，进而成了闻名遐迩、举世皆知的发明大王。如果爱迪生不能对任何事情都作趣味观，并以轻松的态度来看自己，那他又怎么能有充分的活力、有无穷的乐趣来完成他伟大的业绩呢？恐怕纠缠于琐事凡屑之中而不能脱身了吧?!

紧张忧虑，对事情没有把握的人，是用规则和条例来铺设通往成功的道路；他们也可能握有权力来控制别人，但是，在达到有意义的目标的过程中，他们却很可能不知所措，无所适从。他们把橡皮筋和回形针以最有条理的方式来存放，他们很少能从自己为自己划定的圈子里跳出来。而创新思想就是铺设成功之路的必需基石，幽默的应用，又可以充分发挥创造力，使人免于困惑，并能发展人的激励他人的能力。

虽然，创新能激发一个人在他生活和事业各方面的成就，但是，什么才算是创新，如何才能创新，却又是一个令人困扰的问题。如果我们念念不忘，在一开始就想要牢牢地抓住这个法宝，这样很可能就会徒劳无效。

幽默，也只有幽默，将现实与幻想混杂在一起，超然于日常的现实态度与理性的逻辑方法的局限之外。赋予周围的事物以神奇、新颖以及不存在的虚幻意义，并使之在一种异乎寻常、稍纵即逝、但却完整无缺的超感觉面前显得异常可笑。幽默使人离开熟悉的环境，使人惊奇不已，并将事物作意外的对照比较，它扰乱了我们的习惯，把思想解放出来，进而有所创新。

> 法拉第发明的发电机超越其他人的成就甚多，而这一部发电机也堪称现代科技之父；但是，在法拉第的时代，有的人却不明白他的发明有多么重要。
>
> 有一个瞧不起法拉第的人这样问："发电机有什么用？"
>
> 法拉第以充满幽默力量的口吻回答道："婴儿有什么作用？"
>
> 同样，法拉第对知识的兴趣使那些满脑子实际的人不解。英国的政治家格廉·格拉德斯通认为法拉第的实验没有任何实用价值，问他："这项发明有什么用？"法拉第反驳道："为什么要有实用价值？否则，你不是又要征税吗？"

创造力，由于幽默力量的推动，能使我们更有弹性去处理工作，而弹性也能促进我们的成功所必备的"给予"和"获得的态度"。这样，我们也就能使别人接受我们和我们的领导，我们的见解。当我们幽默地说："我不觉得自己有多么重要，但是，我对自己创造性的成就充满自信"。这样，就相对容易地使得别人接纳我们自己。

> 糖果店里有一位职员，向她买东西的顾客很多，总是排成很长的队，而其他的职员都闲得无聊，没有顾客光顾。于是，店老板问她："你到底有什么秘诀？"
>
> "很简单"，她回答说，"别的店员都是一下舀起一磅多的糖果，然后在称的时候，又拿掉许多。而我总是舀起不到一磅的糖果，然后再把它增加到一磅。"

这位职员运用幽默力量来显示自己走向成功的自我形象，很恰当地体现了她别具一格的创意，及其成功的秘诀。

现代生活中，尤其是现代都市生活中，紧张、高节奏的运作，往往使人机械化，而幽默能帮助你打破常规，享受创造的快乐。这种开拓性的创造思维，往往要突破固有的逻辑关系，有时甚至显得荒诞不经。而使人跳出原有的思维模式，找到新的创造契机的正是幽默这股神秘的力量，但幽默本身并不一定是一种创造。

费尔德曾经说过："如果你在一开始不成功，那就一试再试，然后再放弃。毕竟，没有必要做个不要命的傻瓜。"现代生活体现的是一种轻松、和谐与愉快；在现代生活中企求事业有成的方式也要体现出这种愉快、和谐的豁朗。现代生活中的功成名就并不排除艰苦的努力，但是这种努力，并不指呕心沥血、头悬梁、锥刺股，这样就违背了现代生活的艺术性；这种努力，不是在强烈的功利性驱使下而为的，也不是为了追名夺利，而是自身价值的一种艺术地体现。比如罗斯福所说的："我只是个普通人，但是，我的确比普通人更加倍努力。"

现代生活的艺术，现代生活中事业有成的艺术，就是作为一名平凡的普通人而付出的那一份并不普通也不奇异绝俗、感震古今的努力。

幽默并非一味荒唐，既没有道学气味，也没有小丑气味，而是庄与谐并出，自自然然、轻轻松松畅谈人生，而不觉其矫揉造作。幽默是一种生活的智慧，是对生活的洞察；其中既有成功的含蓄的喜悦，亦有失败的委婉的伤悲；而拥有了幽默，拥有了这种智慧，胜亦辉煌，败也犹荣。一般而言，拥有了这种生活的智慧，拥有了这种生活的艺术，便也就拥有了事业有成的巨大推动力。

外松内紧易成功

幽默如同一纸精美的信笺，在传情达意的同时也表白着幽默者的内在品质，坚信失败是成功之母；幽默的人执著坚强，不会轻易为心灵蒙上灰色的迷惘，即使面临难以承受的挫折哀伤，仍会坦然地用执著裹住泪水，在信念的道路上轻舞飞扬；幽默的人善于掩饰甚至忘却内心的痛楚，愈挫愈奋，越战越勇，这不是天性的骄傲，也不是无谓的痴狂，而是一种令人肃然起敬的坚强。

执著是一种积极的人生态度。因为执著，愚公虽老迈年高仍能移山；因为执著，精卫填海年复一年；因为执著，勾践漂泊异乡仍不忘卧薪尝胆……然而，同样的执著，人们向外界传递的方式却多种多样：或任人评说我自独行，或急于向世人剖析自己……真正的智者则是外松内紧的，借助幽默语言的外衣，裹住执著的信念，一步步坚实地走向成功。

为完成《人间喜剧》这部巨著，巴尔扎克付出了自己毕生的心血，他每天工作 16 个小时。这种拼搏劲头，使他形成了一种生活规律：要是不起草，就打腹稿，而当他既不起草又不构思的时候，就校改清样。他常说："这就是我的生活，不这样就有生病的感觉。"

有人追问："你这么执著地忙碌到底是为了什么？"

他幽默地回答："据说上帝创造世界时用了六天，第七天才休息，我呢？自然要比他更忙些，才能够写完人间众生相啊！"

从巴尔扎克的话语中，我们同样能领略到爱迪生般的执著，能领略到爱迪生式的幽默。正所谓成功的人有共同的基因，巴尔扎克正是凭借执著和幽默的人生态度，完成了让世人叹服的鸿篇巨制，达到了常人难以企及的高度。

其实，在我们的骨子里，何尝没有这些优秀的基因呢？就看你什么时候把它们发掘出来了！

幽默力量是属于你自己的，是你和你在人生中所演的角色所拥有的。这种力量能使人解脱，它使我们自由自在地表现我们自己，表达我们的想法，并表露我们的感受。人们凭借振奋的能源，而得以自由地去冒险，愿意并能够表现不平凡的作为，创造有意义的人生。

现学现用幽默技巧36法

形象比喻法

比喻是产生幽默的重要方法。其主要功能是造成语言的形象性。那些让人感到别致，出乎意外、乖巧讹诈的比喻是导致幽默滑稽的好材料。

《笑林广记》中有这么一则笑话：

一县官拜见上司。谈完公事后，上司问："听说贵县有猴子，不知都有多大？"县官回答说："大的有大人那么大。"县官自觉失言，赶忙补充说："小的有奴才那么小。"

这里县官情急之中言语失礼，明白之后，赶快补救，贬低自己，从而抬高对方，令人哑然失笑。

用比喻进行幽默要自然得体，不露痕迹，给人以天衣无缝之感，方可令人解颐。下面再来看爱因斯坦的一则幽默故事。

一次，一个青年请他解释什么叫相对论，他生动而风趣地打了一个比喻：当你和一位美丽的姑娘坐上两小时，自己感觉好像坐了两分钟；但要是在炽热的火炉旁哪怕只坐上一分钟，你会感到好像是坐了两个小时。这就是相对论。"

在庆祝会上，双方的总经理频频祝酒。一方的公关部主任站起来，对双方的合作进行了一番令人叫绝的介绍："我们两家公

司，一家在海南，一家在河南，可以说是'南南合作'。各位知道，国际上的南南合作是世界经济发展的共同体。我们两家公司的'南南合作'，是联谊发展的姊妹连体。我们南南相助，南南相连，南南相合。现在，我可以告诉各位，我们这种秦晋之好的合作已结出了丰硕成果。今天正好是七月七，喜鹊已把天桥架通，愿我们天天都在七月七中度过。"

这段演讲，巧妙地运用了"南南合作"、"姊妹连体"等比喻，生动地道出了两家公司配合默契的联合，并对发展前景作了美好的预测，寓意十分深刻。

还有这么一个故事，也是别有趣味。

C 市的一次作家与评论家对话会议上，A 作家遇见了未见过面的评论家 B，互通姓名后，A 作家忙说道："啊，久仰，久仰！早就知道您对星宿颇有研究，是位有名的天文学家。"

评论家 B 不禁一愣，继而哈哈大笑："老 A，您可是只知埋头创作，捞稿酬，我是搞文艺评论工作的，怎么研究起天文现象了，您一定搞错了。"

A 作家正言回答："我怎么会弄错呢，在您发表的文章中，经常有什么'著名歌星'、'舞台新星'、'文坛巨星'、'诗坛明星'等多种星宿，您怎么不是一位出色的天文学家？"

拟人拟物法

比拟幽默法，就是借助想象力，把物当做人或把人当作物来描绘。正确地运用比拟，可以使听者不仅对讲话者所表达的事物产生鲜明的印象，而且能感受到讲话者对该事物的强烈的感情，从而引起共鸣。它分为"拟人幽默法"与"拟物幽默法"两种。

拟人化幽默，是指赋予物以人的感情色彩和行为动机，从而营造出幽默效果。

两个男子在小饭馆里就着一盘花生米、二两白酒扯淡。

一个人哭穷说："我老家那边是真穷啊，很多农户每年都是青黄不接。为了平稳渡过难关，乡亲们下锅的米不是论斤论两，而是按粒算。为了生计，我只好出来打工了。"

另一个人不甘示弱："我之所以出来打工，是因为我老家那边更穷。每年收割之前，只要留心，你总会看到几只老鼠跑到家里偷粮食……"

"那还成嘛，不是还有粮食可以偷吗？"

"哪里，哪里！那些老鼠无一例外都是高高兴兴地进去，忙了一圈后含着泪水出来——因为一粒粮食都找不到。"

这则幽默的趣味就在最后一句话上，男子故意将老鼠人格化，把它变成了一个会思考有感情的动物，从而在哭穷对决上占得了上风，幽默至极，让人喷饭。这就是拟人化幽默。还有这样一个故事：

有一个女生收养了很多流浪猫。

朋友问她："你怎么收养那么多猫啊，不是增加了生活负担吗？"

女生笑道："这群孤儿孤老活得更不容易啊！"

其实，人们对这类幽默运用得较多，并且效果特别好，例如你可以形容宠物每天都在"痴情"地等你回家、一对鸟"偎依在一起亲热"等等。只要你放下架子，把你常常用在与人交往时所有的语言借给其他的生物用一用，你会发现生活中有许多的乐趣。

拟物化幽默则是把人当作物来描绘，临时赋予人以物的情态、动作。是物的特性移植到人的身上，从而产生幽默效果。很多文学作品中都应用过这一手法，如形容人听得认真——竖起耳朵听，形容人气喘吁吁——吐着舌头喘气，形容人骄傲——尾巴翘起来，等等。在口才表达中，企图运用比拟达到幽默效果，需要做到两点：其一，要有鲜明的感情色彩，说"侵略者夹着尾巴逃跑了"，是基于对侵略者的憎恨；说"人民用乳汁哺育了我"，是基于对人民的热爱和深情。其二，进行比拟的人或物在性格、形态、动作等方面要有相似或相近之点，能引起人们的想象。

总之，只要我们有与物同行的心态，与动物分享同等语言待遇，适当地放松自己，调侃自己，就可以享受到别有洞天的乐趣，就会感受到幽默带给人的愉悦情调。

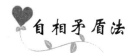
自相矛盾法

体现幽默艺术的方式很多，如果你留心观察，就会发现生活中很多人、很多事都洋溢着幽默的气息。

> 一个赌徒嗜赌如命，他为了从赌场上赢回输掉的钱财，熬更守夜，孤注一掷，最后连衣服也输光了。此刻他醒悟过来，发誓戒赌。
>
> 他用笔写上"坚决戒赌"4个字贴在床头。一天，一位好朋友看到了床头这条诫示后，嘲讽地问："你真的戒赌了？"
>
> "真的！"
>
> "我不信。"
>
> "不信？"赌徒睁着一双布满血丝的眼睛，大声说，"咱们赌3瓶威斯忌酒！"

这里，用自相矛盾的方式展示了幽默的艺术，取得了鲜明、强烈的效果。

大家都知道，人们为了表达意思的完整，做到无懈可击，说话往往避免自相矛盾。然而，逻辑上的自相矛盾，有时却能产生幽默的趣味和艺术，因为幽默的艺术化恰恰是从逻辑上不通的地方开始的，这不通的逻辑作为一种结果引起人们的震惊，推动人们去想象它的原因，而这原因往往是十分有趣的。

> 夜校正在上课，突然停电了。
>
> 黑暗中，老师对同学说："停电了，我们无法继续上课，请同学们稍候，电铃一响就放学。"
>
> 明明停电，可还要等电铃响，幽默的效果油然而生。

自相矛盾的幽默法在自我解嘲时也可以发挥作用：

一个被判死刑的罪犯，在行刑前问刑警："请告诉我，现在几点了？"

刑警呵斥道："死到临头，问时间干什么？"

犯人答道："这可是我的终身大事，记住这个最有意义的时间，对我来说十分必要。"

这位犯人似愚却智、令刑警啼笑皆非的回答使得幽默的艺术性展露无疑。

当然，自相矛盾也有纯攻击型的，其特点是把矛盾的不相容性以夸张的形式突出出来，以显示其荒谬性，来批评某对象。

比尔："昨天的画展我只看了你画的那幅。"

威廉："谢谢。"

比尔："别客气，因为别人的画前都挤满了人。"

比尔的话前后矛盾，幽默从中而生。但这攻击性不是很强，对方如果宽容大度，不过一笑了之。

幽默是门真诚的艺术，是受内心情感的驱使，不可控制地表现出来的。情感的特点只可意会而不可言传。

要保证幽默的艺术效果，就要善于抓住对方的"把柄"，然后把它接过来去反击对方，把他给自己的荒谬的逻辑、语言和行为、不愿接受的结论，用演绎的逻辑还给他，即以其人之道还治其人之身。

著名童话家安徒生一生很俭朴，戴着破旧帽子在街上行走。

有个路人嘲笑他："你脑袋上边的那个玩意是什么？能算是帽子吗？"

安徒生回敬道："你帽子下边的那个玩意是什么？能算是脑袋吗？"

自相矛盾幽默一般是对方攻击有多少分量，就还击同等的分量，软对软，硬对硬，不随意加码，否则就失去了其艺术性。

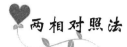

两相对照法

生活是和谐统一的，但在内容与形式，愿望与结果，理论与实际等方面会产生强烈的不协调，于是形成了不和谐的对照。这种强烈的反差必然产生幽默，充满情趣。

两相对照幽默法的构成方式有两种：一物两面对比，两物对比。

一物两面对比，就是把同一事物的两个不同方面放在一起议论，加以对照，从而产生幽默效果。

一天，郑老先生邀请一位老友到家里来，一起泡茶、聊天，并下一盘棋，借以消遣、打发时间。两个老人一边聊过去的趣事，一边下棋；可是一盘棋还没下完，郑老先生已经跑厕所跑了 3 次。郑老先生第 3 次上厕所回来后，有点不太好意思，但也很幽默地说："哎呀，人老了哟！想当年，年轻的时候，尿都可以憋得住，就是话憋不住；现在，变成老头子了，话倒是很能憋得住，但是尿就是憋不住啊！"

郑老先生通过对照自己年轻和年老的身体变化，表现出人的生理和心理在人生轨道上的衰弱与成熟的变化，富有生活哲理，耐人寻味，诱人发笑。在避免尴尬的同时，让人感到了他的那份智慧。

两物对比，就是把两个本质截然不同的事物放在一起来描述。例如：冯骥才的《神鞭》中，有一段关于中国人和洋人的有趣对比：

"三爷不知，洋人和咱们中国人习俗大不相同，有些地方正好相背。比如，中国人好剃头，洋人好刮脸；中国人写字从右向左，洋人从左向右；中国人书是竖行，洋人是横排；中国人罗盘叫'指南针'，洋人叫'指北针'；中国人好留长指甲，洋人好留短指甲；中国人走路先男后女，洋人走路先女后男；中国人见亲友以戴帽为礼，洋人就以脱帽为礼；中国人吃饭先菜后汤，洋人吃饭先汤后菜，中国人的鞋头高跟儿浅，洋人的鞋头浅跟儿高……"

在这里，作者运用了一系列排比式的对比，说明封建社会末期的中国人与洋人的"大不相同"，充满了幽默风趣的效果。在日常生活中，我们可以利用这种方法制造很多幽默，比如你可以调笑某个缺乏活力的年轻人为"30 岁的年龄，60 岁的心态"，而赞扬某个精神矍铄的老人为"60 岁的年龄，30 岁的心态"，等等。

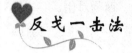

反戈一击法

这是攻击性比较强的幽默，也是经常使用的幽默技巧，而且常用于比较亲近的人之间。越是亲近，越可攻击。但这纯粹是戏谑而已，并不解决实际问题。

在人际交往中，真正攻击性的幽默相对来说是比较少的，纯调笑性的往往居多；但即使纯调笑性的幽默，往往也带着假定的虚幻的攻击性。日常生活中的开玩笑、取绰号，都属此列。

攻击性更强烈的幽默，可以称之戏谑性幽默，这种幽默的亲切感也更强些——越是亲近，越可攻击；越是疏远，越要彬彬有礼。

深夜有人敲医生的大门。来人请医生赶快出诊。医生很不愿意从被窝里出来，随口说："他得了什么病？"来人说："他吞下了一只大老鼠，现在痛不欲生。"医生这时不得不起来了，但仍然说："那好办，去叫他再吞一只猫就是了。"

这样说了，如果医生又躺下去了，不想救病人于水火之中，就不是医生本人的幽默，而是对医生的讽刺了。如果医生把来人逗笑以后，看到他神经放松了，拍拍他的肩膀说："走吧，咱们一起去找一只胃口好的猫吧！"幽默的戏谑性就立即被来者领会了。

幽默有许多奇妙的优点，但是也有一个不可克服的缺点，那就是它只能缓解心理上的紧张，并不能解决实际问题，甚至不能解决智力上的难题。这种局限在戏谑性幽默中尤其明显。如果戏谑性幽默用在陌生人中间，不辅以切实的解决问题的办法，那很可能会导致误会。比如，我们可能会碰到这样的场景：

> 旅客："到火车站要多少钱？"
>
> 出租汽车司机："先生，20 美元。"
>
> 旅客："我的行李该多少钱？"
>
> 司机："免费。"
>
> 旅客："好吧，请你把我的行李载到火车站，我自己走路去好了。"

这就是接过对方的话头，好像是要向对方屈服，但又忽然一个对转，顺势而攻，把对方本不想接受的结论用演绎的逻辑硬塞给他。

幽默贵在收敛攻击的锋芒，这是指一般的情况而言；在特殊情况下，就不然了。尤其是在极其卑劣的事和人面前，或者外来的攻击忍无可忍之时，过分轻松的调笑，不但显得软弱无能，缺乏正义感，而且会导致对方更嚣张地进行攻击。

在这种情况下，再不以牙还牙，以眼还眼，就会丧失人格了。这时的攻击锋芒，不但不可钝化，而且应该锐化。越是锐化，越是淋漓尽致，越有现场效果。而现场效果最强的方法则是反戈一击法。

> 诗人拜伦在泰晤士河岸散步时，看到一个落水的富翁被一个穷人冒着生命危险救上岸，然而吝啬的富翁只给了这个穷人一个便士作为酬谢。
>
> 聚集在岸边围观的人们非常气愤，叫嚷着要把这个忘恩负义的家伙抛到河里去。这时，拜伦阻止他们说："把他放下吧，他自己清楚他价值几何。"

拜伦的幽默是很有戏剧性的，表面上他扭转了众人的愤激，实质上他比众人更加蔑视这个为富不仁的家伙。拜伦幽默的妙处在于对于富人的吝啬作出了特殊的解释，把给别人报酬之低转化为对自己生命价值的低估。

幽默的攻击性在这里恰如其分，幽默感并未因攻击性之强烈而逊色，这得力于拜伦的不动声色，而且貌似温和，实质上则是绵里藏针。

在这种情况下，针对这样的不义之人，如果仅用调笑性幽默就嫌分量不够了。

在反戈一击时，要善于抓住对方的一句话、一个比喻、一个结论，然后把它倒过来去针对对方，把他本不想说的荒谬的话、不愿接受的结论用演绎的逻辑硬塞给他，叫他推辞不得，叫苦不迭，无可奈何。

德国大诗人海涅是犹太人，常遭到无理攻击。

一次晚会上，一个旅行家对他说："我发现了一个小岛，岛上竟然没有犹太人和驴子！"

海涅镇静地说："看来，只有你和我一起去那个岛上，才能弥补这个缺陷！"

用幽默的语言，用幽默的推理方式骂人，比直接骂人要含蓄得多。正因为含蓄，才可以把一些不便出口的有伤大雅的字眼包含在其中。而这些字眼又是从对方口中接过来，再以逻辑的方法回敬过去的，对方要反击，除了收回自己刚才所说的话以外，别无他法，但谁又有这等本领呢？

幽默的反击有一个特殊规律，即反击的性质不由自身决定，而由发动攻击的对方决定。如果对方发动攻击时所用的语言是侮辱性的，则反击也是侮辱性的；对方如果是带着几分讥讽的，反击自然也就会带上几分讥讽；如果对方发动攻击时是调笑性的，那么，用反戈一击的方法演绎出来的幽默语言同样也是调笑性的。

英国作家弗兰西斯·哈伯有一次出游，让他的随从刷一下靴子，但随从没有遵照执行。第二天哈伯问起，随从说："刷了有什么用，路上都是泥，很快又沾上泥了。"

哈伯吩咐立即出发，随从说："我们还没有吃早饭呢。"

哈伯立即回答："吃了有什么用，很快又饿。"

随从的借口并无恶意，哈伯的反击也无恶意。反戈一击的幽默以后发制人为特点，就像《圣经》所说，把上帝的还给上帝，把撒旦的还给撒旦。

迂回曲折法

含蓄表达是表现幽默技巧的另一种令人拍案叫绝的艺术方式。运用这种技巧的关键是要真假并用，曲折地、间接地，且带有很大的假定性，把你的意见稍作歪曲，使之变成耐人寻味的样子，通过歪曲形式来使对方领悟你真正的意思。

请看下面一则对话：

> 作者："先生，我这篇小说写得怎样？"
>
> 编辑："写得太好了，完全可以发表。不过，有个地方须略微改动一下。"
>
> 作者："真的吗？那么请你斧正吧！"
>
> 编辑："只要将你的名字改成杰克·伦敦就行了。"

本来如果直说"你这篇小说全文照抄杰克·伦敦的"，会简洁明了得多，但是它过于一本正经，太枯燥、太没有味道了。

一般人之所以缺乏幽默感，就是因为太习惯于直截了当、简洁明了的表达方式，而幽默则与直截了当不太相容。所以要养成幽默感，就要学会迂回曲折的含蓄表达方式，明明看出抄袭也不能说出来，你得把它当成写得很棒。待他以为蒙混过去了，你才从某个侧面毫不含糊地点出来，让他自己心里明白。

在这样做的过程中，你得时时刻刻与自己想直截了当地表现的自己的洞察力作斗争。

你明明是聪明人，可你装得很傻，只有你装了傻，才可能在下一步显得聪明，把傻相装得越认真越好。

在实际生活中，这种迂回曲折法的幽默技巧，自然并不限于对付抄袭的作者，要学会傻话真说，真话傻说，正话反说，反话正说。切忌真话真说，假话假说，正话正说，反话反说。

法国著名的幽默家特林斯坦·贝尔纳有一天去饭馆吃饭，他对厨师很不满意。付账后，贝尔纳请侍者把经理叫来。

经理来后，贝尔纳对他说："请你拥抱我。"

经理奇怪地问他为什么。

"永别啦，你以后再也见不到我了。"

如果贝尔纳付账后，立刻就说："我再也不来了。"那还有什么艺术可言呢？他的幽默才华恰恰在于明明要贬抑厨师的手艺，却装着一种高度赞扬的样子，让对手被迷惑以后，才给他迎头痛击。

有这样一个例子能帮你懂得如何运用含蓄表达法的幽默艺术：

有一个法国饭店老板，脾气非常暴躁。一天，有位客人来吃饭，刚夹了一口菜，嘴里便道："好苦，好苦！"

老板大怒，不由分说把客人绑了起来。

这时来了另一位客人，问老板为何捆人。老板回答："我店的饭菜明明新鲜可口，这家伙偏说是苦的，你说该不该绑？"

来客说："可不可以让我尝尝？"老板连忙送过刀叉。

客人吃了一口，对老板道："你放了这个人，把我捆起来吧！"

后一位顾客显然机智地运用含蓄表达法，幽默地表达了老板的饭菜确实是苦的。

说话含蓄，是一种艺术，也是幽默的一大技巧。含蓄地表达幽默，是把重要的、该说的故意隐藏起来，却又能让人家明白自己的意思，而且把幽默寓于其中。

这种幽默技巧，有一定难度，它要求有较高水平的说话艺术和高雅的幽默感，体现了说话者驾驭语言的能力和含蓄表达幽默的技巧，同时也包含着对听众想象力和理解力的信任。

如果说话者不相信听众丰富的想象力，把所有的意思和盘托出，这样不但起不到幽默的作用，而且平淡无味，言语逊色，使人厌倦。因此，有的话不必直说，甚至把本来可以直说的话，故意用迂回曲折法表达，从而产生一种耐人寻味的幽默效果。

顺水推舟法

所谓顺水推舟是指按照对方的思维模式因势顺推，或者以对方的核心论点为前提进行演绎推论，得出一个明显错误或荒谬的结论，然后集中火力，发起猛攻，制服论敌。其中"顺"是承接，是"推"的前提；"推"是逆转，是结果。顺水推舟的方法有很多，如因果顺推、选择顺推、归谬顺推。

一个吝啬鬼推开了牙医的门。

"请问拔一颗牙要多少钱，大夫？"

"两分七十比索。"

"需要多少时间呢？"

"大约十分钟。"

"只十分钟就要将近三分钱。"吝啬鬼嘟囔着说，露出极不情愿的神色。

"只要您能坚持，用多少时间都可以。"医生接着吝啬鬼的话说道。

面对吝啬鬼的挖苦，医生回答十分巧妙：不正面讲理，顺着对方"只10分钟就要将近3分钱"的话茬说下去，答应以慢慢的速度拔一颗牙。无疑，这将置对方于被动，使自己处于主动地位。这位医生运用的就是顺水推舟法。

顺水推舟，是借人之口，为己所用，不作正面抗衡，而是在认同、甚至赞美的言语中出其不意、巧妙制敌。利用这种方法会让对方防不胜防，就像是一盘错综复杂的棋局，其中一位占尽优势的人满以为自己已经胜券在握，正暗自得意，不料对方突然使出破解之法，扭转了整个局势，又瞬间将自己推向了深渊。顺水推舟幽默法还有一个特点，就是顺着对方的话说下去，并且抓住对方话语中的某个漏洞大做文章，从而制造出幽默效果，我们将其称之为"突发奇兵"。顺水推舟，突发奇兵是逻辑思维强、思维敏捷的体现，在日常生活中，我们可以多加修炼。

总之，顺水推舟的幽默技法与武侠世界里的"借力打力"有异曲同工之妙。其精髓就在于把对方的话语加以深化，从而显示出矛盾点，出现幽默效果。只要细心一点，善于从对方的语言中找到着力点，我们就能为本技法找到用武之地。

♥ 仿词造句法

仿词造句法是指故意模仿现成的词、语、句、调、篇及语句格式临时创造出新的词、语、句、调、篇及语句格式，它在修辞当中也被称"仿拟""仿词""体化""仿用"。仿词造句的最关键处在于出人意料地把毫不相干的事址在一起，内容越是风马牛不相及越好，距离越大越能引起惊讶，从而创造动人的幽默效果。而其幽默的关键便是模拟本体与新词结构的相似性，越相似，就越有幽默性，越容易引起人们联想与回味。所以，把一些用惯了的旧了的语句做做整容术，转化成新鲜的语句，就能够使语言具有生动有趣的意味，带给人们别有一番幽默的含义。仿词造句是诸多幽默构成方法中的最常用的一种，在幽默者的语言宝典中占据着重要位置。

一般来说，仿词造句法幽默技法按照从简到繁、从易到难分为以下四个境界：

首先是仿造新词，达到幽默效果。例如：

> 某人神秘兮兮地对大家说："我告诉你们一则'新闻'……"
> 朋友们听完后，哈哈一笑："我还以为是什么新鲜事呢？这早就是'旧闻'了。"

听者依据"新闻"仿造出"旧闻"，对比鲜明，幽默有趣。

其次是仿造短语，达到幽默效果。固定性较强的熟语、俗语、成语和常用语句等这些短语都可以加以改动而创造新的语句，这是较窄的概念。如果将范围扩展些，则可以将仿词的其中的几个形式合二为一，或合三为一。这样仿词的例子可谓俯拾皆是，它的特点是把现成的短语中的某个词或某个词素换成意义相反或相对的词，形成一个新的短语。

某人提升较快，可以说"三级跳远""坐直升机"；男女相爱，疏远哥们儿，可以说"同性相斥，异性相吸"；某人谈对象较多，可以说是"有一个加强排"；某两人关系恶化，可以说进入"冷战时期"；不相往来，可以说"断绝外交关系"；初步和解可以说"签署了谅解备忘录"；和好如初，可以说"恢复外交"等等。

实际上，只要我们做个有心人，每天都可碰出幽默的火花，生活从此也将是晴天丽日，你的说话风格也会越来越受人欢迎，你的人缘儿也会越来越好。

再次是仿造新句，达到幽默效果。通过模仿交谈对象的句子形式造一个新句子，表达针锋相对的含义，即可营造出轻松幽默、讽刺调笑等各种氛围。

一次丘吉尔的同事、保守党议员威廉·乔因森希克斯在议会上演讲，看到丘吉尔一个劲儿地摇头，便问："我想提请尊敬的议员注意，我只是在发表自己的意见。"丘吉尔对答道："我也想提请演讲者注意，我只是在摇我自己的头。"

最后是仿造篇章，达到幽默效果。就是通过改写名人名言、经典词作等优秀文化作品，为我所用，或针砭时弊，或博人一笑。

总之，仿拟作为幽默艺术和语言移植手段之一，往往借助于某种违背正常逻辑的想象和联想，把原来适用于某种环境、现象的词语用于另一种截然不同的新的环境和现象之中，而且模拟原来的语言句式、腔调、结构甚至现成篇章，造成一种前后不协调、不搭配的矛盾，给人以新鲜、奇异、生动、幽默的感受。在人际交往中，恰当地运用仿拟，可以更好地帮助你沟通与交际对象的情感；可以把原本生硬、很无味的"死"语言化为生动活泼、诙谐幽默、意趣横生、新颖奇妙、耐人寻味的"活"语言。

❤ 借力发力法

在生活中，幽默也可以通过借力的方式产生，我们可以巧妙地利用对方的话来为自己服务，这就是所谓的"借别人的梯子，登自己的楼"。犹如我国的太极，借力发力，这种方法多用于应对攻击性的话语。当对方从某一角度、某一方面对你进行嘲讽、侮辱时，你可以抓住其话语中的某个破绽，顺着对方的逻辑推下去，从而得出一个令对方无地自容的自然结论。这样既能使自己脱离困境，又能给对方有力的回击。下面就是一个典型的"巧借人力，顺势而为"的幽默故事。

> 有两个贵族青年，骑着高头大马在路上趾高气扬地行着，迎面走来一位驼背的老妇人，手里牵着两头瘦骨嶙峋的小驴子。
>
> 两位年轻人打趣地向老妇人"致敬"："早安，驴妈妈。"
>
> "早安，我的孩子们！"老妇人答道。

老妇人巧妙借用对方话中的"驴妈妈"这个词语，顺其之势，取其精髓，再把自己要说的话经过刻意地加工，平和而又幽默地回击了两个贵族青年的侮辱，在和缓的气氛中，既维护了自己的尊严，又对两个贵族青年予以温和的批评和教育。

"巧借人力，顺势而为"的关键在"借"和"顺"两个字上。首先要在别人的话语中发现可借之物，把握其内在的精神，然后顺着这种内在的精神，运用可能前后并不协调的话语，表达出乎对方意料的意思，幽默也就轻松产生了。我们来看达尔文是怎样运用这种技巧的：

> 有一次，达尔文应邀出席一次盛大的晚宴。宴会上，他的身边正好坐着一位年轻美貌的小姐。
>
> "尊敬的达尔文先生，"年轻美貌的小姐带着戏谑的口吻向科学家提问，"听说您认为人类是由猴子变过来的？"
>
> "当然不是，我所指的是古代的猩猩。"达尔文耸了耸肩膀说。
>
> "是这样啊！那么我也应该是在您的论断之内的吧？"小姐问。

"那是当然！"达尔文望了她一眼，彬彬有礼地回答，"我坚信自己的论断。不过，您不是由一般的猩猩变来的，而是由长得非常迷人的猩猩变来的。"

美貌的小姐还不肯罢休，她又以自己的容貌为题材，想再次为难达尔文一下，她说："猩猩的脸也能变得这么美吗？"

达尔文却借她的美貌作出回答："当然不是所有猩猩的脸都能变得这么美，自然是迷人的猩猩才能变成这样。"

达尔文从对方的话语中成功地找到了可借之物——"美"和"美貌"，然后紧紧抓住这两个要素，顺着小姐的话进行幽默的回答，从而巧妙地维护了自己的进化论，而又未失绅士风度。

♥ 旁敲侧击法

生活中，有很多人，心直口快，直来直去，批评别人无所顾忌，火药味很浓，既得罪了人，又达不到目的。其实，人人都有自尊心，只要运用得法，含蓄隐晦的妙语也可激起其心底的良知。这种旁敲侧击的方式是我国传统的幽默技巧。

有一人应友人之邀参加家宴，友人很吝啬，仅仅招待了他几滴白酒。

这人临走对友人说："劳驾你，请在我的左右腮帮上各抽一记耳光吧。"

友人问什么原因，这人说："这样的话，我脸上通红，老婆才知我在你家吃饱喝足了，否则，显得你招待不周啊！"

这位吝啬的友人也觉得不好意思，便拿出一个很大的酒杯，可倒酒时才盖上杯底。

这人便向友人要一把锯子，友人很奇怪，这人回答说："我是想把这杯子无用的上半部锯掉。"

这位先生面对友人的吝啬不好直说，转弯抹角，几句妙语既表达了自己的不满，也讥讽了友人的小气。

有一客人见主人招待他没有菜肴，便跟主人要来副眼镜，说视力不好使，带上眼镜后，大谢主人，称赞主人太破费，弄这么多菜，主人道："没什么菜呀？怎么说太破费？"

客曰："满桌都是，为何还说没有菜？"

主人曰："菜在哪里？"

客指盘内曰："这不是菜，难道是肉不成？"

这则笑话一波三折，客人嘲讽主人，手段高明，令人叫绝。

旁敲侧击法运用在生活中，一般有"含笑骂人"之功效。

前几年，流行喇叭裤，有一小伙子的喇叭裤又长又大，一天，他母亲给他洗裤子，要他拿把剪刀来，他不解，问母亲拿剪刀干什么，母亲回答说："你这'扫把裤'用来扫地还不差，如果下面剪成条条，地板会扫得更干净。"小伙子笑了，笑得很不自在。

直话曲说，而且要尽量避开锋芒，说得委婉风趣，这就需要具有临场应变的机智。以上几例中的主人公的聪明才智表现在：既表达了自己的真实意思，又显示了自己的宽容，钝化了锋芒。这正是旁敲侧击的幽默效果。

❤ 断章取义法

断章取义法是指通过对字、词、句等要素进行"歪解"而产生荒诞意义达到自圆其说的一种幽默技巧。成功地运用这一幽默术，往往能够产生强烈的喜剧效果。

有一次，马克·吐温和主张一夫多妻制的摩门教徒争论一夫多妻制的问题。

马克·吐温说："一夫多妻，连上帝也反对。"

那位摩门教徒问："你能在《圣经》中找出一句禁止一夫多妻

的话吗？"

"当然可以。"马克·吐温说，"马太福音第六章第二十四节说：谁也不许侍奉二主。"

马克·吐温使用的正是断章取义法，从而于嬉笑中表达了观点。他的这则幽默不由得让人想起一个相声：某人自诩常听有关三国的京剧，渐渐地摸出了许多门道，知道很多人物的职业，如赵子龙是卖年糕的。为什么呢？因为有京剧唱"赵子龙老迈年高"！只不过这里是从谐音入手罢了。

断章取义幽默术的关键在于能否荒谬断章，经过你的断章后所产生的意义与本义相差越远或越荒诞，就越幽默。它的目的性隐含于这种"断章"中，有时你也可以根据你的需要"恰当"断章，当你的需要由于你的"断章"而被表明或被满足时，幽默的情趣就油然而生了。

一个远近闻名的大吝啬鬼财主叫伊哈给他当雇工。

"好哇，可你给我多少工钱呢？"

"工钱？"财主眉头一皱，"我给你吃喝，给你住，给你穿，怎么样？"

机灵的伊哈眼珠一转就一口答应下来，并写下契约。人们都为伊哈捏了一把汗，因为那个老吝啬鬼可恶着呢！

当天晚上，伊哈吃了东西，躺下睡觉，一直睡到第二天上午十点钟，还没起床。财主大发雷霆，跑来训斥他："喂，你想睡多久？我看你是发神经病了吧？"

"咱俩究竟谁发神经病？"伊哈说，"我吃了喝了，又住下了，现在遵照契约，正等着你来给我穿哪！"

财主的意思是只管伊哈的吃、住和穿，却不付工钱，而伊哈却故意断章取义，用幽默的智慧战胜了吝啬、奸诈的财主。

其实断章取义法可以用在多种场合，家里、办公室中、课堂上、聚会上……到处都充满着机会，只要抓住时机，巧妙断章，荒诞取义，开怀一笑之余，也会为沉闷的生活抹上光彩的一笔。

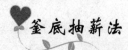

釜底抽薪法

釜底抽薪法是指首先就某一问题提出一种假设，取得对方的承认，然后将这一假设中的某个部分抽掉，从而达到证明自己某种要求合理性的目的。这种幽默技巧重点在于推理过程中对某一条件能巧妙"抽"法，难点也在于一个"抽"字上，如果"抽"得巧妙，"抽"得准确，则可以立刻穷人以理，驳人以趣，相反，则会兴味全无，缺乏幽默感。

杰克逊来到某游览地的一家旅店，要求给他开个房间。

"请问，你办预订了吗?"接待员问。

"预定? 没有。"杰克逊回答说，"我每年这个时候都到这儿来，已经10年了，我从来不用预订房间。"

"对不起，"接待员说，"今天确实是全满了。如果你没有预订的话，我们没法给你安排房间。"

"听着!"杰克逊说，"假如有人告诉你，说今天晚上总统要来这儿，我敢打赌，你一定会痛痛快快地拿出一个房间来。"

"那当然了，因为他是……"接待员解释。

杰克逊打断他说："好了，我告诉你，今晚总统不来了，你把房间给我好了。"

杰克逊正是利用了"釜底抽薪"术将对方引入圈套的。首先，他作了一个假设，即"如果总统今晚要来，办事员一定会设法为他安排房间"；第二步，他使得对方也将这个假设加以接受。至于对方为这一假设的成立准备作出的附带说明，绅士是置之不管的；第三步，釜底抽薪，即在以上的假设中抽取了"总统今晚要来"这一部分，而将自己"替补"进去，这样就达到穷人以辞的目的了。我们再来看一则故事：

两兄弟在一起吃饭，盘子里只有一大一小两条鱼。哥哥先把大的那条鱼夹了，弟弟十分不快，说道："你怎么能抢先夹那条大鱼呢?"

哥哥笑道："假如你是我又怎么做呢?"

"我当然夹那条小的。"

"那好哇,你抱怨什么呢? 那条小鱼我给你留在那儿呢!"

在这里,哥哥也是用假设釜底抽薪的办法,问弟弟"假如你是我又怎么做呢",弟弟自然要发扬孔融让梨的风格,不好意思说要大的。这时候,哥哥突然撤去"假如",并指出按弟弟的方案也会出现现在的结果。这种釜底抽薪的办法,实际上是以退为进,让对方防不胜防。

总之,釜底抽薪法就是一种将自己与对方共同接受的观点进行某种成分上或性质上的抽换代替,从而达到自圆其说的目的。幽默的力量离不开语言,但光有语言还不够,一则深刻、含蓄的幽默往往是语言和逻辑推理共同组合的产物。釜底抽薪法是这种组合的典型技巧。

欲抑先扬法

在日常生活中,你经常会遇到这种情形。只要充分调动起你的思维,就既能让你的聪明才智得到发挥,又能让你的实际目的达到。幽默的最高境界即在于此。请看下面的例子:

一个小贩推销自己的香烟。一天,他在一个集市上大谈抽烟的好处。

突然,从听众中走出一个老人,径直走到台前。小贩吃了一惊。

老人在台上站定后,便大声说道:"女士们,先生们,对于抽烟的好处,除了这位先生讲的以外,还有三大好处哩!"

小贩一听这话,连向老人道谢:"谢谢您了,先生,看你相貌不凡,肯定是位学识渊博的老人,请你把抽烟的三大好处当众讲讲吧!"

老人微微一笑,说道:"第一,狗害怕抽烟的人,一见就逃。"台下一片轰动,小贩暗暗高兴。

"第二,小偷不敢去偷抽烟者的东西。"台下连连称奇,商人更加高兴。

"第三，抽烟者永远不老。"台下听众惊作一团，小贩更加喜不自禁，要求解释的声音一浪高过一浪。

老人把手一摆，说："请安静，我给大家解释。第一，抽烟人驼背的多，狗一见到他以为是在弯腰捡石头打它哩，能不害怕吗？"台下笑出了声，小贩吓了一跳。

"第二，抽烟的人夜里爱咳嗽，小偷以为他没睡着，所以不敢去偷。"台下一阵大笑，小贩大汗直冒。

"第三，抽烟人很少长命，所以没有机会衰老。"台下哄堂大笑。此时，大家一看，小贩已不知什么时候溜走了。

这则幽默一波三折，层层推进，一步一步把听众的思维推向迷惑不解的境地，在把听众的胃口吊得足够"馋"时，才不慌不忙地表达出自己的意思。按照惯常思维，抽烟是应该遭到反对的，因为抽烟的危害人所共知，当老人一言不发地走向大谈抽烟好处的商人时，一般会认为老人要提出反对意见，而老人却也大谈抽烟的好处。商人和听众一样大惑不解，因而急切地想知道原因。最后，老人以幽默的话语作了妙趣横生的解释，既让听众开心，又让听众从商人的欺骗性话语中走出来，意识到抽烟的危害性。因为他所说的三条好处其实正是抽烟的危害之所在。同时，正面揭露了商人的谋利目的。

夸张怪诞法

夸张之法，其实生活中随处可见。我们这里所说的夸张与修辞格的夸张有些不同，是指讲话者把自己的经历或能力或所见所闻用令人吃惊的语言渲染、吹嘘到离奇怪诞乃至荒唐的程度。

夸张可以用来讽刺怪诞、吝啬与愚昧。

齐国有一位健忘症患者，病情严重，他妻子叫他去找有名的郎中艾子。他骑着马拿着弓箭就出去了。不一会儿他因为要大便，

就把马拴在树上，箭插在地上。大便完了以后，他看到地上的箭吃了一惊说："好危险，哪里射来的箭，几乎射中我。"他又看到树上拴的马，大喜说："虽然受点虚惊，可捡到一匹马，还是很值得的。"他拉起缰绳就要回家，脚却踩在自己拉的大便上，踩脚骂道："真倒霉，踩了一堆的粪，把脚弄脏了。"

他打着马回到家里，却不知道这是什么人家。他妻子大骂他一顿，这个人又很惊讶，说："我并不认识你，为什么要骂我？"

这个故事把健忘症的言行夸张到了怪诞的地步，自然会招致一连串的笑声。

♥ 正话反说法

在人际交往中，有时有些话不方便直接说出来，这时你可以采用的一种方法，就是正话反说。这种幽默法门，是通过自己的言语导入一个荒谬的境地，让对方听出你的弦外之音。

《史记·滑稽列传》记载，楚庄王有一匹爱马，给它穿上带有刺绣的衣服，放在装饰华丽的屋子里，喂它吃枣脯，最后马因肥胖过度而死。楚庄王让群臣为马发丧，要以大夫规格，用内棺外椁而葬。大夫提出异议，楚庄王下令道："有敢于对葬马之事再讲者，处以死罪。"

优孟听说后，跑进大殿，一进殿门，便仰天大哭，楚庄王十分吃惊，忙问何故，优孟说："死掉的马是大王心爱之物，我们堂堂楚国，要什么东西没有？而今却要以大夫之礼葬之，太薄了，我请求大王以人君之礼葬之。"

楚庄王听后，一时无言以对，只好打消以大夫之礼葬马的打算。本来楚庄王要厚葬宠物，而且不容大臣提出异议，可优孟含蓄的规劝的使之改变了初衷。

《五代史·伶官传》中记载的一事也十分有趣：庄宗喜好田

猎，在中牟打猎，践踏许多民田。中牟县令为民请命，庄宗发怒，要杀他。

伶人敬新磨得知后，率领众伶人去追赶县令，将之拥到马前，责备他说："你身为县令，怎么竟然不知道我天子喜爱打猎呢？为何让老百姓种庄稼来交纳税赋，而不让你治下百姓忍饥去荒废田地，让我天子驰骋田猎？你罪该万死。"

于是拥着县令前来请求庄宗杀之。庄宗听后无奈大笑，县令被赦。

以上两则故事中，优孟和敬新磨为了达到各自的劝谏目的，取得和君王谈判的成功，都运用了反话正说的幽默技巧，就是使用与原来意思相反的语句来表达本意，表面赞同，实际反对。在谈话中，运用这种表达方式往往能收到直接表达所起不到的作用。

♥ 自吹自擂法

有时，自己夸耀自己，与现实形成反差，幽默就从其间产生。自己夸耀自己的本事，毫不脸红，却不免言过其实，瞎打误撞，与事实有出入而自己津津乐道，就会透出浓浓的幽默情趣。

萨马林陪着斯图帕托夫大公去围猎，闲谈之中萨马林吹嘘自己说："我小时候也练过骑马射箭。"

大公要他射几箭看看，萨马林再三推辞不肯射，可大公非要看看他射箭的本事。

实在没办法，萨马林只好搭箭开弓。

他瞄准一只麋鹿，第一箭没有射中，便说："罗曼诺夫亲王是这样射的。"

他再射第二箭，又没有射中，说："骠骑兵将军是这样射的。"

第三箭，他射中了，他自豪地说："瞧瞧，这就是我萨马林的剑法。"

萨马林本不谙射箭，无意中吹嘘了一下，不料却被大公抓住把柄，非要看他出丑不可。好在萨马林急中生智，把射失的箭都推到别人的身上，仿佛自己射失是为了作个示范似的。终于射中一箭，才揽到自己身上，夸耀一番。他谙熟自吹自擂的幽默，总算没有当场出洋相，说不定还会令斯图帕托夫大公开怀一笑呢。

自吹自擂的幽默作为一种"厚脸皮"的幽默技巧，能广泛地用于日常生活中。不管你处于什么样的情势，都可以毫不脸红地把自己吹嘘一番，当然，你所"吹"所"擂"的东西应与现实情况有较大差异，并且表意明确，让对方很容易就通过你的话语看出你的名不符实，这样，幽默才能顺利产生。再看一则例子：

> 杰克自以为下棋极精，老爱吹牛，总是不服输。有一次，他与人连下三盘，盘盘皆输。过了几天，有人问他："那天的棋下了几盘？"
>
> 他回答说："三盘。"
>
> 人家又问："谁胜谁负，能告诉我吗？"
>
> 他脸不红心不跳地说："第一盘我没能赢他；第二盘他又输不了；第三盘我想和，他却不干！"

杰克棋艺不精，脸皮倒也不薄。连输三盘的战局，经他的口一说，不小心还真被他糊弄过去。杰克也不乏幽默感，他能抓住输棋这个时机，自吹自擂，创造一种氛围，给人们一个意想不到的结果，使自己从输棋的困窘中走出，人们也为之莞尔。

> 有两个人相互吹嘘自己国家的桥高。
>
> 甲："在我们国家的那座桥上，一个人如果想自杀，十分钟后才能落水淹死。"
>
> 乙："这算什么？在我们国家的那座桥上，一个人跳下去自杀，你猜他是怎么死的？他不是淹死的，而是饿死的。"

> 有两个人相互吹嘘自己国家的机器技术先进。

甲："我们国家发明了一种机器，只要把一头猪推到机器的入口处，然后转动把手，香肠便会从机器的另一端源源不断地出来。"

乙："这种机器早已过时了。我们国家现在发明了一种机器，如果你觉得香肠不合口味，只要将把手倒转一下，猪便会活蹦乱跳地从原入口处退出来。"

如此的神侃海吹，听众不笑痛肚皮才怪。

♥ 大词小用法

大词小用就是把一些意义比较"重""大"，一般只用在反映大场合、大事件等语言环境中使用的词语放到同它不相称的小场合、小事情中去使用，同时使所述事物"升级"，小题大做，这样就破坏了平衡，产生了幽默。

作家冯骥才访问英国时，朋友全家来访，双方相谈甚欢。突然冯骥才发现客人的孩子穿着鞋子跳到了他的洁白的床单上，而孩子的父母并没有发现。

他微笑着对孩子的父母说："请把孩子带到地球上来。"

这对夫妇会心一笑，赶紧将孩子抱下来。

当时冯骥才的任何表示不满的言词或表情，都可能导致双方的尴尬，他运用幽默巧妙地化解了双方的尴尬，同时也达到了自己的目的。

在讲话或作文时，大词小用如果交错出现，纷至沓来，效果必定是"喜不胜收"。我们来看一个不愿背书的小孩的"苦大仇深"的日记：

"放寒假了，爸爸不让我游戏人间，说是会玩物丧志，硬要我天天背《成语词典》。那么厚，八百九十页，叫人惨不忍睹，我一看见它，就多愁善感了。我要不背，爸爸就入室操戈。我要跑，他就要打断我的腿，要削足适履，爸爸力气大，一打起我来重于泰山，他一个耳光就能让我犬牙交错。我现在是比地主家的长工还苦，但无可奈何，我只有背到呕心沥血了。"

大词小用的应用范围极其广泛，日常生活中不时运用，往往别有趣味。如两个人闹了矛盾不再往来，可以说："他们已经断交。"如果后来和好了，可以说："他们又恢复了外交关系。"

苦中作乐法

在不尽如人意的生活中，幽默能帮助你排解愁苦，减轻生活的重负，用幽默的态度对待生活，使你不会总是愤世嫉俗，牢骚满腹。

当一个人想说笑话、讲讲小故事，或者造一句妙语、一则趣谈时，最安全的目标就是他自己。取笑的是自己，谁会不高兴？马克·吐温曾经讲过这样一句妙语来取笑某位政治同僚："他是一个谦逊的人，他拥有许多让他谦逊的事。"马克·吐温这一句妙语中的"他"如果改为"我"，会显得更有力。因为，我们正确的态度应该是：每当你想批评、抱怨，或提出改正的建议时，"我"的观点必然是最理想的。

如果我们都树立以自己本身作为幽默力量的目标，就可以只传达信息、表达看法而不攻击到别人。

"自负的人胃口太低，对他自己的兴趣比对我还大。"

"我并不老，才到人生盛年而已。只是我花了比别人更多的时间才到盛年。"

还有许多著名人物，特别是演员，都善于以取笑自己来达到与别人的沟通。他们利用一般认为并不好看的面貌特征，来幽自己一默。

一位肥胖的女演员说："我不敢穿上白色的游泳衣去海边游泳。我一去，飞过上空的空军一定会大为紧张，以为他们发现了某个国家。"

英国作家济斯塔栋曾经风趣地说："我比别人亲切三倍，因为我要是在公共汽车上让座位，那一下子可以坐下三个人。"

名人不仅以取笑自己的面貌，来达到完美的沟通，还常常通过虚构故事来取笑自己。

在广播节目上，杰克·班尼与弗雷·亚伦对听众虚构他们之间有仇。弗雷坚持杰克的幽默是看稿子念的，有短剧作家为他写好了稿。弗雷打趣说："杰克·班尼在吃了匈牙利大餐以后都没办法让自己打出一个饱嗝来。"

林肯总统常通过开自己玩笑的方式来与听众沟通。有一次，他讲了这样一则故事。

有时候我觉得自己好像一个丑陋的人，一天在森林里漫步时遇见一个老妇。老妇说："你是我所见过的最丑的一个人。""我是身不由己。"他答道。"不，我不以为然！"老妇说，"至少你可以做到待在家里不出门啊！"

长得丑本是一件苦事，可是林肯却拿来调侃逗乐，充分显示了他开阔的胸襟和非凡的人格魅力。

连续下了几天的大雨，某公司同事们见了面，一个人说："这天怎么老是下雨呀？"

一位老实的同事按常规作答："是呀，已经6天了。"

一位喜欢加班的同事说："嘿，龙王爷也想多捞点奖金，竟然连日加班。"

另一位关注市政的同事说："房管所忘了修房，所以老是漏水。"

还有一位喜爱文学的同事更加幽默："嘘！小声点，千万别打扰了玉皇大帝读长篇悲剧。"

连续下雨造成诸多不便，本是一件让人烦心的事，可是幽默的人却能从中寻找到乐趣。这就是苦中作乐法的魅力所在。

重音移位法

　　语言中的重音，往往表达一种逻辑意义上的强调，如果故意避开对方表达中的重点，而强调非重点，对其本义进行别解或误解，则可产生幽默滑稽的效果。

　　　　贫寒的房客对房东太太说："你的房子怎么又漏雨了?"
　　　　房东太太讥笑道："凭你付的房租，难道还想漏香槟酒不成?"

　　很清楚，房客的问话中，强调的重点词是"漏"，而房东太太则非常规地强调"雨"字，因而有了"你还想漏香槟酒不成?"的抢白。

　　　　一位外国使者看见林肯在擦自己的皮鞋，赞扬说："啊，总统先生，您经常自己给自己擦鞋子吗?"
　　　　"是啊，"林肯答道，"那么您自己经常给谁擦鞋子呢?"

　　林肯巧用"自己"在不同位置重读所表示的不同意义，重点转移，妙语生辉。
　　下面再看两个发生在小朋友身上的幽默。

　　　　老师："小龙，你为什么上课吃苹果?"
　　　　小龙："报告老师，我的香蕉吃完了。"

　　　　父亲："你小子真没出息，我在你这么大的年纪时，可没撒过这么大的谎。"
　　　　儿子："那么，您是什么时候开始撒这么大的谎呢?"

　　两位小朋友的回答都有点"文不对题"，但他们都在不经意间运用了重音移位的幽默技巧，因此表达天真而滑稽。

拐弯抹角法

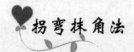

拐弯抹角法是指遇到一些难以言传的情形时，采用与主题毫不相关的一些话语，再巧妙地转一个弯，与主题发生联系以产生幽默的一种方法。它常利用风趣的语言来反驳某种观点或对某件事情表示不满，是一种含蓄迂回的幽默技巧。

一个秀才说话喜欢拐弯抹角，一天，他骑着马到朋友家讨酒喝，朋友说："我有一斗酒，可惜没有下酒菜。"

秀才说："这好办，就把我的马杀来煮着吃吧！"

朋友很惊异地说："那你骑什么回去呢？"

秀才随即指着院子中的鸡说："我骑着它回去好了。"

朋友恍然大悟，不觉失笑。他想故意再难为一下这秀才，说："鸡可以杀来下酒，就是没有柴烧好它。"

秀才说："这还不容易，把我的衣衫脱去烧吧！"

朋友笑着问："那你穿什么呢？"

秀才指着门前的篱笆说："穿它。"

秀才就是利用拐弯抹角的办法把自己想以鸡下酒的念头以幽默的方式明确地表达出来。面对朋友的诘难：没有下酒菜，他说杀他的马，这自然让朋友过意不去，便问他骑什么，于是就有骑鸡的回答。他的意思谁都明白是要让朋友杀鸡款待他，不好直说，就用拐弯抹角的方法说出让人为之失声大笑的话，却是彼此心照不宣，而又有着十分动人的幽默力量。

转弯抹角幽默术要取得幽默的效果，在很大程度上取决于所转的弯与所抹的角和实际情形之间的反差。这含有设置悬念的味道，一开始你的话离你所想表达的意思相距十万八千里，让对方摸不着头脑，强烈地想知道下文，然后你才转弯抹角地把话题拉近，最后将自己的意思完全表达出来，却往往与对方所期望的情形有较大的出入，期望与现实产生冲突，幽默也就应运而生。

转弯抹角幽默术能起到指桑骂槐的作用。它特别适合于那种你心怀不满而不便明说的场合，有时候你又不得不说，只好把话题绕远，再向主题靠近，犹如剥笋一层一层地把笋壳去掉，最后才露出笋的本相一样，直到最后方表明自己真正的意思。因为绕了一些圈子，说了一些题外话，别人对你所表露出来的反对或不满就不如你直接说那般难以接受，并且幽默也在其间充当了缓和剂，不至于让你和别人的矛盾激化。在笑声中，谁能再板起脸对异己分子加以回击呢？

主人请了一位客人来家里吃饭。客人酒醉饭饱仍不想告辞，主人终于忍不住了，指着树上一只鸟对客人说："最后一道菜这样安排，我砍倒这棵树，抓住这只鸟，再添点酒，现烧现吃，你看怎样？"

客人答道："只恐怕你没砍倒这棵树，鸟早就飞跑了。"

"不，不！"主人说，"那只是笨鸟，不知道什么时候该离开！"

当然，运用这种幽默虽然能够婉转地提出意见，但还是容易得罪人。所以如果不是特别要好的朋友或者你已经打算跟他绝交，那么在话说出口之前，一定先开动脑筋，从正反各方面多角度地考虑情况，选择最适宜当前情形的表达方式，恰如其分地表明自己的态度，传达自己的意思，避免可能产生的矛盾，并博人一笑。这也正是幽默的一个重要作用。

停顿反转法

通常所说的顿歇即停顿，是指语句或词语之间声音上的间歇。顿歇有区别意义的作用，像下面一段文字。

"世上如果男人没有了女人就倒霉了。"

这句话有两种停顿方式：

第一种："世上如果男人没有了，女人就倒霉了。"

第二种："世上如果男人没有了女人，就倒霉了。"

停顿不同，意义完全相反。

作为幽默技法的顿歇，意思是停顿后反转，即故意把一句完整的话拆开，给人一个悬念，将其注意力引向某一方向，然后通过停顿，反转出趣味来。

> 某司令员对部下说："一个人一杆枪——"战士们欢呼雀跃，激动不已。
>
> "这是不可能的。"战士们大为失望。
>
> "两个人一杆枪——"战士们鼓掌。
>
> "但这也是不可能的。"战士们垂头丧气。
>
> "三个人一杆枪—"战士们不抱什么希望。
>
> "还是可能的。"大家惊喜，毕竟有枪了。
>
> "但是木头枪。"司令员又说。

这里，司令员运用"滚雪球"的方式，采取停顿方法造成出乎意外的语义突转，趣味横生。

> 一次，会上发言。著名语言学家吕叔湘说："今天，我要讲很长的话——"全体与会者发出叹息。
>
> 他接着说："大家是不欢迎的。"听众释然，鼓掌。

这里，发言者运用停顿有意设下圈套，让人感觉到其发言很长，不料停顿之后意义突转，语义前后反差强烈，产生幽默效果。

停顿法多用于相声、小品等演出场合与生活中的逗笑场合。如相声《海燕》中有一段：

> 甲：她们都牺牲了——
>
> 乙：啊?!
>
> 甲：一顿午饭。
>
> 乙：唔，你一块儿说不行吗? 吓死我了!

生活中可运用这种方法逗乐，如："来了的和尚未来的工人都要努力学习。"在"尚"后停顿，幽默效果自然而生。

平时，在表达幽默故事时，要停顿适时，述说平稳，加强语义落差，表达起伏跌宕，将笑声推向极致。

文字拆析法

汉字历史悠久，形、音、义丰富多彩，令众多才子佳人、文人骚客细细玩味，慢慢品评，作出了五花八门的文字游戏，玩出流传千古的文字幽默，妙语惊人，诙谐滑稽。

把字的形、音、义按特殊的情境拆析组合，使其产生新奇的含义，令人觉得幽默有趣。

宋代著名文学家苏轼与黄庭坚平时对酒当歌，游戏言辞，其乐无穷。

有一次，黄庭坚请苏轼赴宴吃鱼，发出请柬，上面不写"鱼"而写"半鲁候教"，意即准备了"鲁"字的一半给你吃。

过了几天，苏轼也请黄庭坚吃鱼，请柬写的完全一样。这一天，黄庭坚来到苏轼家，苏轼把他安排在院子里晒太阳，不提吃鱼之事。黄庭坚很纳闷，一问，苏轼解释说："'鲁'的上半截你已请我吃过了，我今天请你吃下半截。"

这种游戏在乾隆皇帝与纪晓岚之间玩得更是绝妙：

这天，纪晓岚陪皇帝过中秋节，很想念自己的家与亲人，被皇帝看出，皇帝说："纪卿，你似有所思所想，莫不是一口心十思，思妻、思子、思父母？"

纪晓岚聪明绝顶，以联相对："皇上，臣久居朝中，思亲心切，若蒙圣上恩准省亲，可谓片言身寸谢，谢天、谢地、谢圣王！"

这里，双双巧用文字游戏联对答问，平添乐趣，令人拍案叫绝。

玩文字游戏还可借声音组合进行，绕口令就是一种，让易混的近音、同音字反复出现，频频拗口，致笑力很强。

打南边来了个喇嘛，手里提拉着5斤鳎（tǎ）目（比目鱼）。

打北边来了个哑巴，腰里别着个喇叭。

南边提拉着鳎目的喇嘛，要拿鳎目换北边别喇叭哑巴的喇叭。

哑巴不愿意拿喇叭换喇嘛的鳎目，喇嘛非要换别喇叭哑巴的喇叭。

喇嘛抢起鳎目抽了别喇叭哑巴一鳎目，哑巴摘下喇叭打了提拉着鳎目的喇嘛一喇叭。

也不知是提拉着鳎目的喇嘛抽了别喇叭哑巴一鳎目，还是别着喇叭的哑巴打了提拉着鳎目的喇嘛一喇叭。

喇嘛拿眼瞪鳎目，哑巴嘀嘀哒哒吹喇叭。

这样的绕口令，快速读来，非常拗口，兴味盎然。

故意误解法

事物的内容靠形式来表现，不同的事物可以有相同的表现形式。一个人低头看地，可能他是在寻找东西，也可能是头疼难忍。一个人抬头望天，可能是鼻子出血，也可能是在数星星，当我们看到事物不同的表现形式时，要调查清楚。了解其实质，如果想当然，按既定经验判断，就会导致错误；如果故意别解和误解，则产生幽默。

生活中，所以利用这种别解方式来消除烦恼，去掉难堪，表达着乐观与博大。

一位来自新加坡的老太太在游武夷山时，不小心被蒺藜划破了裙子，顿时游兴大减，中途欲返。

这时导游小姐走近老人，微笑着说："这是武夷山对您有情啊！它想拽住您，不让您匆匆地离去，好请您多看几眼。"

短短的几句话，就像和煦的春风，把老人心中的不快吹得无影无踪了。

请君入瓮法

"请君入瓮",其中"瓮"是指大坛子。这个成语,出自《资治通鉴》,讲的是关于唐代酷吏来俊臣的一个典故。

武则天执掌朝政时,有人告发大臣周兴,武则天令来俊臣审问周兴(周兴平日也惯用酷刑,跟来俊臣一向交好)。来俊臣假意请周兴喝酒,席间他问周兴:"犯人不肯认罪怎么办?"周兴说:"拿个大瓮,周围用炭火烤,把犯人装进去,什么罪他会不招认呢?"来俊臣就命人搬来一个大瓮,四面加火,对周兴说:"奉皇命审问老兄,请君入瓮。"周兴吓得连忙磕头认罪。

根据这个典故,我们后人就沿用"请君入瓮"来指设好圈套等别人来钻。把这种计谋用在幽默上,它就发展成为一种富有意味的幽默技巧,或者说是语言技巧。它的突出特点就是:用故弄玄虚的连续的问或答,使对方一步步进入自己的话语迷宫,营造出一种幽默的氛围,同时使他人开窍。下面这个故事就运用了这种幽默技巧。

一考生骑驴赴京赶考。路上问一个放牲口的老汉:"嗳,老头儿!这儿离京城还有多远?"老汉看他穿戴得倒是挺排场,就是问路不下驴,说话没礼貌。老汉心里想:这算什么书生!老汉本来不想他,可又想教训他一下,就答道:"京城离这儿180亩。"

书生感到好笑:"喂牲口的!路程都讲'里',哪有论'亩'的?"

老汉冷笑道:"我们老辈子的人都讲里(礼),现在的后生娃没有教养,不讲里(礼)!"

书生脸一沉,说:"你这个老东西,怎么拐着弯骂人呢?"

老汉说:"喂牲口的老东西本来不会骂人。只是今天心里不痛快,我养的一头母驴,它不生驴仔,偏偏生下了个牛犊。"

书生不明白老汉的意思:"你这个人真是稀里糊涂的,生来就该喂牲口。天下的驴子哪有下牛犊的道理?"

老汉还是耐心指教书生说:"是呀,这畜生真不懂道理,谁晓

得它为啥不肯下驴咧？"

书生听出了话里的意思，面红耳赤，灰溜溜地走了。

幽默的表达是含意内蕴的。故事中的老汉，通过曲折的暗示故弄玄虚，吸引对方思绪，诱使对方上当，这是把请君入瓮法运用到了出神入化的地步。

在日常生活中，这种艺术使幽默更加显露出它固有的机智与思辨色彩。由于这个原因，在生活中的舌战场合，这种巧设圈套的幽默技巧也被广泛地应用。

有一次，小姜到菜市场买鱼。他走到一家鲜鱼摊前，看到摆的鱼虽然不少，但都不是很新鲜。小姜提起一条放在鼻子前闻了一下，果然有一股臭味，看来鱼放的时间不短了。

谁知摊主看到他这么一闻，便非常不高兴地问道："哎，你这是干什么？我的鱼是刚刚打上来的。"

小姜并没有和摊主争辩，也没有指责他的谎话，而是顺口说了句："我刚刚是和这条鱼说话呢！"

"嗯？"摊主觉得小姜这话挺有意思，不禁来了兴致。想刁难小姜一番，于是就说："那你和鱼说些什么话呢？"

小姜说："其实也没有什么，我想到河里游泳，所以向那条鱼打听一下现在的水究竟凉不凉。"

"那鱼怎么说呢？"摊主已经笑得上气不接下气了，周围也已经聚集了一些围观的人。

"鱼对我说，很抱歉，我不能告诉你。因为我离开河已经十多天了。"小姜淡淡地说。

围观的人哄然大笑，摊主脸上的笑容却早就不见了。

幽默的小姜表面上装作没有发现鱼是变质的，通过和鱼对话这件非常荒谬的事情来化解鱼摊主的戒备情绪，并一步步诱使鱼摊主进入自己的圈套，正是运用了请君入瓮的幽默技巧。鱼摊主在整个过程都被小姜牵着鼻子走，完全陷入一种被动的状态中。

运用这种幽默技巧必须突破常规思维，出奇制胜地将对方引入你的圈套中。对方则是按照正常的思维去推理，根据你的设计，对方最后必然进入你的圈套之中。

法国寓言家拉封丹习惯每天早上吃一个土豆。有一天，他把土豆放在餐厅的壁炉里，想热一下再吃，等他回头去拿的时候，土豆却不翼而飞了。

于是他大喊："我的上帝，谁把我的土豆吃了？"

他的佣人"此地无银三百两"地说："不是我。"

"那就太好了！"拉封丹高兴地说。

佣人不解地问："为什么？"

"因为我在土豆里放了砒霜，想用它毒老鼠。"

佣人顿时面如土色，连忙承认自己吃了土豆。

拉封丹笑笑，对她解释："放心吧，我不过是想让你说真话罢了！"

如果拉封丹果真在土豆里放了砒霜，那这个故事就不好笑了。这个故事的幽默之处就在于拉封丹运用了请君入瓮的方法，诱使佣人说出真话，承认错误。运用这种幽默技巧还可以在特殊情况下给自己留有余地，使事情进行得更加顺畅。

罗斯福任美国总统之前，曾在海军服役。一天，一位朋友向他问及一个秘密行动计划，罗斯福看了看四周，压低声音说："你能保守机密吗？"

"当然能！"朋友保证。

罗斯福微笑告诉他："我也能。"

这里罗斯福故弄玄虚，巧妙地为友人设下圈套，为自己解脱困境，即使朋友发觉上了当，心中也明白这是善意的欺骗，这种幽默反而能增进彼此间的友谊。

请君入瓮的幽默技巧能够体现出一个人高超的智慧。这种幽默还有一个很明显的特点，那就是施用此术的人总是能在与对手的较量中占据主动，先发制人。从一开始，就稳固地占据主动地位，吸引对方的注意力，让对方总是跟着他走，这样，最后的一击才会显得幽默有力和富有戏剧性。

声东击西法

声东击西法，是指目标在西而先假意向东，出其不意地给对手一击。它实际上是一种含蓄迂回的幽默技巧。

> 斯克尔顿是位著名诗人。一次，他去赴宴，酒喝多了回不了寓所。于是，他住进了一家小客店。半夜，他渴得厉害，大喊伙计要水。但没人应他，他又喊自己的马夫，马夫也不在。"怎么办呢？这样下去可不行！"他灵机一动，大喊道，"救火啊！救火啊！"顿时，全店乱成一团，所有的人都起来了。他继续喊，不一会儿马夫和伙计便拿着蜡烛冲了进来："火在哪里，怎么看不到呢？""在这，"斯克尔顿指着自己的喉咙，"火在这里面，快给我端水来，浇灭它！"

声东击西幽默术宛如武侠小说中的虚晃一招，二者都是利用对方对外界事物的第一反应做文章，以自己意图之外的东西去吸引对方的注意力，让人防范或拒绝，再以实际的意图"攻"对方一个措手不及，只不过一是为了产生幽默，一是为了在交手中获胜。

声东击西幽默术很有些"兵不厌诈"的意味，它利用人们的预期心理，"指"向"东"方，当人们顺着他"指"的方向看时，忽然又反打"西方"，这样在"东""西"的一反一复中，不和谐的因素产生，幽默的酝酿也就成熟了。

因为声东击西幽默术含有欺诈的成分在内，这固然能"骗"住对方，从而产生幽默，但若经常玩这种诡诈的把戏，别人就不会认为这是幽默，反而要怀疑你的人品了。这样，幽默的目的没有达到，还失信于人，实在是得不偿失。因而我们不能把声东击西法当成法宝，不厌其烦地搬出来使用，而应当适度掌握分寸，不然牧羊小孩那"狼来了"的悲剧说不定就会重演。

东拼西凑法

东拼西凑法，就是把两个以上风马牛不相及的事物、截然不同的内容、互不相关甚至互相矛盾的概念硬凑合并列在一起，以造成正反跌宕、不伦不类、滑稽可笑的效果的一种幽默构成方法。它的幽默构成的基本原理很简单：就是故意违背形式逻辑的基本规律，把不同类别的诸种事物任意无序地组合在一起。

由于人们在日常生活中习惯了按照正确而正常的逻辑思维、谈话，一旦在某个特定情境中听见或发现这种违反逻辑的矛盾及不和谐的并列，便会在出人意料的句序中发出会意的微笑，幽默、滑稽、讽刺、调侃、诙谐便由此诞生了。

东拼西凑式的幽默，在日常生活中具有应用的广泛性和操作的简便性。运用东拉西扯可以创造一种幽默氛围，调解交际情趣。

> 你想调侃自己，不妨这么说："在这个世界上，除了托尔斯泰、高尔基和鲁迅，我就是最好的作家了。"
>
> 如果你想调侃一下别人，你就可以这么说："喂，我这一生最佩服的就是希特勒、高俅、秦桧和老兄你了！"

把众所周知的几个名声不好的人物与你要贬抑的对象扯在一起，自然而然便把他也放到了一个名声不好的境地，他会在又气又笑中真的佩服你的幽默与机智。

运用东拼西凑的技法时要注意以下两种情况：

一是若拼凑起来的各方没有意义上的关联，也应有句式的统一，即指字面上的部分类同，而意义上的似是而非。

二是各方面虽是拼凑起来的，但细推敲应有意义上的关联性。运用这种方式要注意同属概念、事物间的本质差异，差异越大，对映衬的效果就会愈加鲜明，收到的幽默趣味也就愈浓郁。

所以，运用此法最关键是要把握好个度，在种属不同的前提下找准与该种属相类似的"插入词"，要求是种属概念截然不同，字面形式极其相似。

返还矛盾法

幽默不难，但适当地把握尺度，使得反击十分巧妙，就不是件容易的事。接过对方侮辱性的话语故弄个玄虚，突然一转，击中对方，这样的幽默由于突然的对转就带上了戏剧性。

一家大旅店，旅客看到墙上有臭虫，就打电话把老板叫来。机灵的老板对墙上望了一眼说道："您只要仔细看看，就能发现这臭虫是早就死了的！"

第二天早晨，旅客又把老板找来："我要再谈谈臭虫的事情。"

"您明明知道这只臭虫早就死了。"

"不错，是死了。不过您可知道，昨天夜里是为死者开盛大的追悼会，它的亲属们都来饱饱地吃了一顿！"

用幽默的语言，用艺术的推理方式还击，比直接还击要含蓄得多。正因为含蓄，才可以把自己尖锐的意见包含在其中。而这些字眼又是从对方口中接过来，以逻辑的方法回敬过去，对方因此就无法再反击，除了认错，别无他法。

返还矛盾的规律要点是等量回敬。如果对方的攻击是侮辱性的，则还击也是侮辱性的；如果对方的攻击是调笑性的，还击的幽默语言同样也是调笑性的。

某人家里有客人，主人问客人："您在咖啡里放几羹匙白糖？"

客人开玩笑地说："在自己家里时放一羹匙，在别人家里作客时放四羹匙。"

　　主人忙说:"嗯!嗯!请别客气,那您就像在自己家里时一样好了。"

　　客人的玩笑无失礼处,主人的还击也没有丝毫恶意。顺势而攻,借题发挥,同样是玩笑而已。

　　家庭生活要温馨、和谐、幸福,做到这一点,家庭中成员之间就需要有较平衡的心理关系。然而这不是很容易的事,常会产生家庭心理平衡偏差。因此,调节失衡心理偏差,对解决家庭不和有决定性作用。

　　冲突难免,要学会寻找调节之法。一般方法,很难跳出自我的圈子,一味想顾全自己,结果是适得其反。而返还矛盾则是有效的调节方法之一,其特点是能使对方被自己的攻击语言和行为套住手脚,自感理亏而心服。

　　拐弯抹角、曲折暗示是另一种幽默的艺术形式。

　　通常,幽默避免直截了当地表达,直抒胸臆是抒情的效果,而不是幽默的效果。一般来说幽默都以间接暗示,诱使对方顿悟为上。如有隐衷,拐弯抹角道出比一吐无余更有韵味。

　　也许你觉得对某种不可改变的事情不满意从而感到困窘。如果你直接把它表达出来,这并不能显示你有什么过人之处;如果你能用曲折暗示的方式,说明你对困窘似乎采取无所谓的态度,那你就是一个懂得幽默艺术的人。

　　社交场合中难免会发生冲突,由于某种原因,你必须对朋友当场提出批评时,不妨采取曲折暗示的方法,这样既能表达你的意见,又能避免短兵相接,激化矛盾。

以谬还谬法

　　在我们日常生活中,经常会碰到一些荒谬古怪的人和事,要么是对方故意难为你,要么是对方无意冒犯你。如果对此针锋相对,拍案而起,总觉有失风度，因此不妨运用以谬还谬的方法，让对方去体会他自己要求的不妥之处。

19世纪末，科学家伦琴发现了X射线，有一天，他收到一封信，来信者说他胸中残留着一颗子弹，须用X射线治疗。他请科学家寄一些x射线和一份怎样使用X射线的说明书给他。伦琴提笔回信："请把你的胸腔寄来吧！"

X射线是绝对不可能邮寄的，如果科学家直接指出这个人的无知，也未尝不可，但就没有幽默情趣。这位科学家避开了正面交锋，采用了以谬还谬的方法，让对方领悟到自己要求的荒谬。

下面这位荒谬者更令人头疼，编辑的幽默当属妙绝。

某刊物的编辑，在读完一位作者的两篇来稿后，发现几行简短的附言：

"我将在收到退稿的当天夜里，站在本市最高的建筑物上，把退稿撕成碎片，随风飘散，然后，我就双眼一闭——好好地想一想。"

面对这位作者荒谬的来信，编辑回复："大作已拜读，经研究决定，退你一篇，留下一篇。这样你在今夜站在高层建筑物上，好好想想时，只要闭上一只眼睛就够了！"

两人幽来默去，假里藏真，颇有一番嚼头。面对作者的荒谬要求，编辑用心良苦，以荒谬回敬之。

♥ 暗度陈仓法

明修栈道、暗度陈仓讲的是这样一个历史故事：刘邦灭秦后，被项羽封为汉王。在从关中往汉中去时，他听从张良的计策，沿途烧毁栈道，以表示无意东归，麻痹项羽。后来，刘邦又表面上修栈道，却暗地里绕道陈仓打回关中，取得了楚汉战争的初步胜利。明修栈道，暗度陈仓幽默术就是指表面一套做法以掩人耳目，暗地里却另有打算，明与暗之间的反差给人以不和谐的感觉，从而产生强烈的幽默效果。因为这表面的一套往往吸引了人的注意力，所以暗地里的意图就经常能实现。

"明修栈道，暗度陈仓"关键在于"修栈道"，让对方不能明白你的真实意图，这样你才能顺利地"暗度陈仓"，实现自己的目的。"修栈道"的目的就是迷惑对方，做得越像，对方越容易上当，你就越能轻易地"暗度陈仓"。

我国古时候，有一个县官很喜欢附庸风雅，尽管画术不佳，但兴致很大。他画的虎不像虎，反而像猫。并且，他还每画完一幅作品，都要在厅堂内展出示众，让众人评说。大家只能说好话，不能说不好听的话，否则，就要遭受惩罚，轻则挨打，重则流放他乡。

有一天，县官又完成了一幅"虎"图，悬挂在厅堂，又召集全体衙役来欣赏。

"各位瞧瞧，本官画的虎如何？"

众人低头不语。县官见无人附和，就点了一个人说："你来说说看。"

那人战战兢兢地说："老爷，我有点怕。"

县官："怕，怕什么？别怕，有老爷我在，怕什么？"

来人："老爷，你也怕。"

县官："什么？老爷我也怕。那是什么，快说。"

来人："怕天子。老爷，你是天子之臣，当然怕天子呀！"

县官："对，老爷怕天子，可天子什么也不怕呀！"

来人："不，天子怕天！"

县官："天子是老天爷的儿子，怕天，有道理。好！天老爷又怕什么？"

来人："怕云。云会遮天。"

县官："云又怕什么？"

来人："怕风。"

县官："风又怕什么?"

来人："风又怕墙。"

县官："墙怕什么?"

来人："墙怕老鼠,老鼠会打洞。"

县官："那么,老鼠又怕什么呢?"

来人："老鼠最怕它!"来人指了指墙上的画。

新来的差役没有直接说县太爷画的虎像猫,而是明修栈道,暗度陈仓,通过环环相扣的"怕"字拐弯抹角地达到了批评的目的。这种"修栈道"与"度陈仓"之间的反差,迸射出了幽默的火花,让人开怀一笑,在笑声中,心情豁然开朗。

"明修栈道,暗度陈仓"幽默术在生活中随时都可以运用,如你要称赞别人歌唱得好,并标榜一下自己时,就可以说:"你唱歌真棒,差一点可以赶上我了。"别人听了一定会笑。你呢?借"你唱歌真棒"明修栈道,用"差一点可以赶上我"暗度陈仓,既称赞了别人,又标榜了自己,还令人大笑,一举三得,这样的事何乐而不为?

难得糊涂法

在一些意外的场合,常常碰到一些意想不到的事情,如果处理不好,着实使人尴尬万分。此时要化解难堪的局面,不妨假装糊涂一些。

莎士比亚在其著作《第十二夜》中,让主人公薇奥拉说出了这样一句话:"因为他很聪明,才能装出糊涂人来。彻底成为糊涂人,要有足够的智慧。"特殊场景中的假装糊涂,其实是一种机智的应变。难得糊涂法的妙处在于真则假之,假则真之,正话反说,反话正说,先是迷惑对方,然后大家都能体面地从困窘中"拔"出来。

有时,假装糊涂很难在复杂的场合出奇制胜,这就要求在一些场合,要对自己的"糊涂"来一个聪明的注脚。

保罗正在路上走着，忽然窜出一个强盗，用手枪对着他说："要钱还是要命？"

"你最好还是要我的命吧！"保罗说道，"因为我比你更需要钱！"

这里，保罗的上半句回答显得很糊涂，遇上歹徒，恐怕谁也会保命的，可是，其实后一句才点出真意。

偷换概念法

幽默的思维并不完全是实用型的、理智型的，它主要是情感型的。而情感与理性是天生的一对矛盾，对于普通思维是破坏性的东西，对于幽默感来说则可能是建设性的成分。

老师："今天我们来教减法。比如说，如果你哥哥有五个苹果，你从他那儿拿走三个，结果怎样？"

孩子："结果嘛，结果他肯定会揍我一顿。"

对于数学来说这完全是愚蠢的，因为偷换了概念。老师讲的"结果怎样"的含义很明显是指还剩下多少的意思，属于数量关系的范畴，可是孩子却把它转移到未经哥哥允许拿走了他的苹果的人事关系上去。

然而对于幽默感的形成来说，好就好在这样的概念默默地转移或偷换。仔细分析一下就可发现这段对话的设计者的匠心。他本可以让教师问还剩余多少，然而"剩余"的概念在这样的上下文中很难转移，于是他改用了含义弹性比较大的"结果"。这就便于孩子把减去的结果偷偷转化为拿苹果的结果。可以说，这一类幽默感的构成，其功力就在于偷偷地无声无息地把概念的内涵作大幅度的转移。有一条规律：偷换得越是隐蔽，概念的内涵差距越大，幽默的效果就越强烈。

这里有个更深刻的奥妙。我们先来看这样几个例子：

汤姆："你说踢足球和打冰球比较，那个门更难守？"

杰克："我说什么也没有后门难守。"

这是把球门这个具体的、有形的门，一下子转移到无形的、完全不同的抽象的门上去了。

"先生，请问怎样走才能去医院？"

"这很容易，只要你闭上眼睛，横穿马路，五分钟以后，你准会到达的。"

本来，人家问的是如何正常地到达医院，并没有涉及受了伤被送到医院去，可是回答者却扯到你只要故意违反交通规则而受伤，受伤的结果自然是被送到医院，回答虽然仍然是到院，却完全违背了上下文的含义。

这好像完全是胡闹，甚至愚蠢，可是人们为什么还把幽默当做一种高尚趣味来加以享受呢？

概念被偷换了以后道理上也居然讲得通，虽然不是很通、真通，而是一种"歪通"，但正是这种"歪通"，显示了对方的机智。

概念被偷换得越是离谱，所引起的预期的失落、意外的震惊越强，概念之间的差距掩盖得越是隐秘，发现越是自然，可接受性也就越大。

在许多幽默故事中，趣味的奇特和思维的深刻，并不总是平衡的，有时主要给人以趣味的满足，有时则主要给人以智慧的启迪，但是最重要的还是幽默的奇趣，因为它是使幽默之所以成为幽默的因素。如果没有奇趣，则什么启迪也谈不上。

有这么一则对话，曾经得到研究者的赞赏：

顾客："我已经在这窗口前面呆了30多分钟了。"

服务员："我已经在这窗口后面呆了30多年了。"

这个意味本来是比较深刻的，但是由于缺乏概念之间的巧妙的联系，因而很难引起读者的共鸣。这看起来很像是一种赌气，并没有幽默，服务员并没有把自己的感情从恼怒中解脱出来。相反的另一段对话：

编辑："你的稿子看过了，总的说艺术上不够成熟，嫌幼稚些。"

作者："那就把它当做儿童文学吧。"

作者这样回答不但有趣味，而且又有丰富的意味让对方去慢慢品味了。因为被偷换成了的"儿童文学"的概念，不但有含蓄自谦之意，而且有豁达大度之气概。

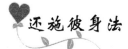

还施彼身法

以彼之道，还施彼身幽默术，是指运用对方所使用的手段，反过来加之于对方身上，让对方无计可施，从而达到自己的目的，这种令对方自食其果的情形通常能诱发幽默。又叫做"以其人之道，还治其人之身"。

以彼之道，还施彼身幽默术的运用，重要的是抓住对方的"道"，这样，才能在"还施彼身"的时候显得有力。这"道"越集中，越典型，起到的作用才越明显，幽默味才越浓。

一次，德国作家歌德在一条林荫小路上散步。迎面碰上了一位曾对他的作品进行过批评的评论家。评论家傲慢地说："我从来不给驴子让路。"歌德微笑着说："我则恰恰相反。"说着，彬彬有礼地让到路旁。

通过分析比较海涅和歌德的故事，可以发现他们的共同点在于运用了以彼之道，还施彼身的幽默术，并且这种幽默术有其独到的妙处：它是以对方惯常的手段来回击对方，既可眩惑对方的眼目，又可使对方感到措手不及，没有思考的余地来还击，这当然会令你大获全胜，而幽默也在这种较量中产生出来。作为一种幽默术，以彼之道，还施彼身既可令人解颐，又可达到预期目的，这也是它能得到广泛运用的原因。

当然，在日常生活中运用以彼之道，还施彼身幽默术的时候，还应该注意掌握分寸，找准对象。面对论敌，你完全可以充分发挥"以彼之道，还施彼身"的威力，让论敌无处容身，只好俯首称臣；面对同事和上司，你就得适度运用，不能让对方下不了台，不然，你不仅不能制造出幽默，反而会弄巧成拙，让人厌恶你。因而，在使用以彼之道，还施彼身幽默术之前，你得充分考虑其可行性。做到这一点，你就能对生活中的某些难题应付自如了。

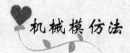

机械模仿法

在瞬息万变的生活中，不管情境如何，把运用于某一事物的东西生搬硬套在另一事物上，只是机械地模仿，使其笨拙可笑，也是创造幽默的一种技巧。

布拉姆·斯多可在他的《论笑》一书中指出，滑稽是"镶嵌在活东西上的机械的东西"。在瞬息万变的生活中，突然插进一个机械死板的表现当然好笑。请看下面的例子：

有一学生，这天老师教给他三个字"你、我、他"，并用它们造句。"你，你是我的学生；我，我是你的老师；他，他是你的同学。"

学生回家后高兴地把这些告诉了父亲，指着父亲说："你，你是我的学生；我，我是你的老师。"他又指了指他的母亲，"她，她是你的同学。"

父亲听了很气愤："我怎么是你的学生呢？我，我是你的父亲；你，你是我的儿子；她，她是你的妈。"

受了委屈的学生来到学校。责怪老师："老师，您教错了，应该是这样的——你，你是我的儿子；我，我是你的父亲；她，她是你的妈。"

这位学生与他的父亲都是"我"到家了，不懂得情境的变化应导致语言表达的变化，机械刻板，乖傻可笑。

这种因乖傻而产生的幽默故事在民间笑话中也有许多实例。

小汤姆不善于说话。一天，邻居家生了个儿子，大家都去祝贺，他也去了。父亲特意叮嘱他，千万千万不要在席间说出不吉利的话，他高兴地答应了。

席间，小汤姆一言不发，只管吃牛排。直到吃完了，有人问小汤姆为何不说话，他说："你们见了吧，我今天可什么也没说，这个孩子要是死了，那可不关我什么事！"

小汤姆虽然席上什么也没说，可结尾处的假设还是没有顾及到"此时不该说的话"，叫人哭笑不得。

孩子们的思维一般属于简单、直线型，表现出一贯性，也常常因此而闹出笑话来。

下面再举二例：

汤姆："我看这位新来的数学教师不怎么样。"
比尔："为什么？"
汤姆："昨天他对我们说 $5+1=6$。"
比尔："错在哪儿呀？"
汤姆："可他今天又说 $4+2=6$。"

威利的儿子到姑姑房间里玩，回到爸爸身边时拿着一小袋糖，说是姑姑给的。

爸爸问："你说了'谢谢'没有？"

"啊，忘了。"儿子马上又跑到姑姑房里去道谢，回来以后对爸爸说："其实我不用去谢姑姑。"

"为什么呢？"爸爸问。

"姑姑说，'好孩子，不用谢。'"

套用词语法

套用一些成语、惯用语等固定的语言形式或把人名、地名、书名、影片名套放在一起，表达出似通非通的内容，有很强的喜剧色彩。

这种成语、惯用语的套用主要是要"巧"，巧得正好行文，使意义显得似通非通，不伦不类，遂成笑料。清末张南庄所著的滑稽小说《经典》中，有许多这样的套用现象。

> 软骨头鬼听说，便拿了一把两面三刀，飞踢飞跳地去了。
>
> 活死人看这道士时，戴了一顶缠头巾，生副吊蓬面孔，两只胡椒眼睛，一嘴仙人黄须，腰里绉纱搭膊上，挂几个依样画葫芦。

这里，"两面三刀"套用了成语，"依样画葫芦"套用了俗语，这种与语境相背甚远的形式被换贴标签后强行亮相，显得很不协调，以至引发笑声。

这种方式主要用于调侃，在相声中常见。如下段相声：

> 乙：你有什么菜吗？
>
> 甲：凉菜有狼心狗肺，鼠肚鸡肠，提心吊胆，抓耳挠腮。
>
> 乙：吃完了我非中毒不可。热菜有什么？
>
> 甲：给您杀了一只呆若木鸡，蒸了一条缘木求鱼，熬了一锅行尸走肉，煮了一碗通宵达旦，红烧虎背熊腰，清炖马失前蹄。

这则相声极尽断"词"取义之能事，表面听来简直是胡说八道，可听过之后，谁不捧腹大笑呢？

下面我们再看看把人名、药名、书名、影片名联到一起的方式。

> 在一家中药铺，门上有一对联，全是药名：
>
> 白头翁，持大戟，跨海马，与木贼草寇战百合，旋复回朝，不怕将军国老。
>
> 红娘子，插金簪，戴银花，比牡丹芍药胜五倍，苁蓉出阁，宛若云母天仙。

对联中巧妙套用了药名：白头翁、大戟、海马、木贼、草寇、百合、旋复、将军、国老、红娘子、金簪、银花、牡丹、芍药、五倍、苁蓉、云母、天仙。巧妙组合，别有新义。

再看下面一个饶有趣味的歌名大串连：

《水手》说要有《勇气》去面对困难，《我愿意》去享受《一个人的精彩》。风雨过后有彩虹《阳光总在风雨后》。《后来》才明白，自己也可以这样。春去春又来，《桃花朵朵开》我在这等着你回来。《朋友》一生一起走，《有没有一首歌会让你想起我》？《当》你我老了，站在美丽的夜空下，能否记得当年那美丽的《月半弯》，那个《小眼睛姑娘》？

拆合词语法

将组合得很紧密的词强行拆开可以打破原有词义表达的平直，使之"变形"，因而变得生动有趣。看下面几例：

流浪四方，漂泊不定，一直希望有个固定的家，可是奔波了几年，一直还是不固不定啊！

他这人风趣诙谐，着实将我们幽了一默。

五年前毕业的当儿，不是早已在师长和同学们面前——简直是在全世界面前，宣称他要精心构思"创"部大"作"么？

焦大以奴才的身份，借着酒醉，从主子骂起，直到别的一切奴才，说只有两个石狮子干净。结果怎样呢？主子深恶，奴才痛绝，给他塞了一嘴马粪。

现在不像以前，大胆地干吧，不会革你的命的！

以上几例中，"固定"、"幽默"、"创作"、"深恶痛绝"、"革命"被有意强行拆开使用，使表达生动活泼，平添情趣。

同样，将根本不能合成使用的词硬性凑到一起，也可产生俏皮幽默之感。因为，在语言运用中，每个词都有固定的含义，有固定的词性，有固定的搭配对象。这些都是约定俗成的，不能有意打破这种固定配合。否则，就形成不协调，产生谐趣。看以下几例：

他每次回家，总是操起他那塑料普通话喊爹叫娘，弄得父母

说他是："一年土，二年洋，三年不认爹和娘。"

有一个小伙子，看到一对青年坐在高高的城墙上谈恋爱。他感叹地说："呵，这么陡峭的爱情！"

以上两例，"塑料普通话"、"陡峭的爱情"，都是生硬扭合的表达，其滑稽效果不言而喻。

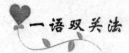

一语双关法

巧妙利用词语的多义现象使其具有双重含义，达到言在此而意在彼的表达效果，这就是双关法。双关法的最大妙处在于，你听着好多是我在说我，或说其他。但你听得出来，实际是在说你。这样，说者处于主动的位置，任意地指桑骂槐，而你却抓不着明显的借口去反击，只有承受，吃哑巴亏。

双关可以用来抨击时政。

有一次，鲁迅的侄女问他："伯父，你的鼻子怎么又扁又平？"

鲁迅回答说："碰了几次壁，把鼻子碰扁了！"

侄女不解。鲁迅进一步说："四周黑洞洞的，还不容易碰壁么？"

鲁迅巧借词语的多义性，一语双关，抨击黑暗的社会，暗讽时政，可谓辛辣。

双关法还可以用来嘲弄坏人。

郑板桥年少聪颖。他家乡有个财主十分霸道，人们在路上见到他都得叩头，让路。郑板桥决定治一治财主。他同给财主喂驴的孩子商量好，每天背着财主，向驴鞠个躬就打一下驴，再鞠个躬又再打一下。后来，只要郑板桥向驴鞠躬，驴就惊跳起来。

一天，郑板桥见财主骑驴过来，冲着驴子就鞠躬，驴子乱蹦乱跳，把财主摔倒在地上，磕得鼻青眼肿。过了几天，财主又骑

驴出门，郑板桥连忙迎上去鞠躬，驴子又惊得乱蹦乱跳起来。财主急忙下驴，哭笑不得地说："你小小年纪就这样知礼，实在难得，以后就免了你的礼吧。"小板桥高兴地说："那我还得谢谢你这条驴呢？"说着就要给驴鞠躬，财主慌忙说："不必！不必！"

郑板桥巧用双关，讽骂财主，痛快淋漓，又令人忍俊不禁。

名人风采谈笑自若学习篇

缘联求鱼

一日中午，苏东坡去拜访佛印。佛印正忙着做菜，刚把煮好的鱼端上桌，就听到小和尚禀报：苏东坡先生来访。

佛印怕吃鱼的秘密暴露，情急生智，把鱼扣在一口磬中，便急忙出门迎接客人。两人同至禅房喝茶，苏东坡喝茶时，闻到阵阵鱼香，又见到桌上反扣的磬，心中有数了。因为磬是佛印做佛事用的一种打击乐器，平日都是口朝上，今日反扣着，必有蹊跷。

这时，佛印说："学士今日光临，不知有何见教?"

苏东坡有意开佛印的玩笑，装着一本正经的样子说："在下今日遇到一难题，特来向长老请教。"

佛印连忙双手合十说："阿弥陀佛，岂敢，岂敢。"

苏东坡笑了笑说："今日友人出了一对联，上联是'向阳门第春常在'，在下一时对不出下联，望长老赐教。"

佛印不知是计，脱口而出："学士才高八斗，学富五车，今日怎么如此健忘，这是一副老对联，下联是'积善人家庆有余'。"

苏东坡不由得哈哈大笑："既然长老明示'磬有鱼'，就拿出来一起共享吧!"

巧答辽使

宋、辽两国在澶州讲和，议定条款之后，双方罢兵。宋真宗高兴地回到都城汴梁。因为这次是宰相寇准劝皇上御驾亲征，从而取得了双方和谈罢兵的结果。因此，寇准的声望越来越高。但同时，也遭到了一些人的嫉妒。

有个叫王钦若的大臣首先在皇上面前进谗言。他对真宗说："陛下，澶州之盟。臣有一个浅显的比喻，好比赌博，输钱将尽，倾囊为注，这叫'孤注一掷'。当时寇准就是拿陛下的生命作孤注一掷，才劝陛下御驾亲征的呢。试想我军若败，陛下处境会如何？"

一句话，说得宋真宗心里发跳，说："朕今天知道了。"于是，对寇准的信任逐渐减退，不长时间，就罢免了寇准的宰相官职，让他去陕州当官，后来又贬他到边镇天雄军去当官。

一次，辽使从汴梁回国，路过天雄军的驻地大名，见到了寇准，带着幸灾乐祸的口吻对寇准说："以相公的才望，为什么不当宰相了呢？"

寇准见问，毫无难堪情绪，脸上竟带着乐呵呵的表情说："我朝天子，因朝廷无事，特地派我到此，来执掌北边关门的钥匙，你又何必见怪？"

辽使一听，无言以对，只好告辞北归。

借鱼巧谏

永乐皇帝闲来无事，想到江西吉安一带游玩，传下圣旨，要吉州知府筑路修桥接驾。

刚刚考中学士的解缙得知此事，暗暗思忖：皇上每次巡游奢侈挥霍，百姓税收加重，劳役陡增，致使民不聊生。这次一定要设法劝阻皇帝，打消巡游念头，使吉州百姓免受荼毒。于是，他连夜赶写了奏折，次日上朝，面奏皇上。

皇上一见奏文，勃然大怒："解缙，天子出游，乃施恩泽于民间，你因何阻挠？真乃狗胆包天！"

解缙不慌不忙地说："皇上息怒，解缙上疏，实为龙体之安所致！皇上有所不知，吉州自古有'吉水急水'之称，那里山高无路，唯有从水路走，水急浪大，岂不惊了圣驾。"

皇上想了想，说："我命吉州府打造巨舟，岂有镇不住'急水'之理！"

解缙笑道："纵然有巨舟，却难过峡江县。江西俗话'峡江峡江，压断手掌'，那里江窄暗礁多，莫说巨舟，就是竹排也很难通过。"说着，解缙招了招手，一位下官捧着一只盘子走来，盘中放着一条鳊鱼。解缙呈上鳊鱼说："皇上请看，此鱼产于峡江，江窄，久而久之，连鱼身子也压扁了。"

皇上一看当真，就取消了游吉州的打算。

吉安一带百姓得知此事，奔走相告，都非常感激解缙。

假装糊涂

海瑞在浙江淳安县当知县的时候，有一天，驿站的差人来告状，说有一个人自称是总督胡宗宪的儿子，嫌驿站的马匹不好，把驿吏捆起来倒挂在树上。

海瑞马上带人赶到驿站。他看到穿着华丽衣服的胡公子还在指手画脚地骂人，他身边还放着大大小小的箱子，箱子上还贴着总督衙门的封条，心里立刻明白了，这肯定是胡宗宪的儿子，并且又收了不少赃礼。

海瑞马上有了主意，他叫人把箱子打开，原来里面装着好几千两银子。

海瑞变了脸色，指着胡公子，对围观的群众说："这恶徒真可恶，竟敢假冒总督家里的人，败坏总督名声！那次胡总督出来巡查时，再三布告，叫地方不要铺张，不要浪费。你们看这恶徒带了这么多行李和银子，怎么会是胡总督的儿子呢。他一定是假冒的，要严办才是。"

于是，海瑞把胡公子的几千两银子没收充公，交给国库。又写了一封信，连人一起送给总督胡宗宪发落。胡宗宪看了来信，又看看被捆绑着的儿子，气得说不出话来。他怕海瑞把事情闹大，只得忍气吞声，不敢向海瑞说明他所捉的人就是自己的儿子。银子的事情也不敢再提了。

戏讽权官

郑板桥当县官时，遇到一个大灾之年，为了救济穷人，他不顾个人的身家祸福，大开官仓，赈灾放粮。此事被皇帝怪罪下来，被革了职，放还老家。

郑板桥雇了一条民船，载着自己的家小和行装，行驶在大顺河上，回扬州老家。

一天，郑板桥觉得江面上好平静，来往的行船不是停靠在码头，就是搁浅在岸边。他一打听才知道，这段江面有一条官船要过，通知所有的民船都要回避。郑板桥听了以后非常气愤，吩咐船工照常驶船，不必理会它。过了一阵后，果然见一艘官船，耀武扬威地开过来，桅杆上挂着"奉旨上任"的旗子，随风招摇。郑板桥心想，好汉不吃眼前亏，这条官船大，载量大，一旦让它撞上就要船毁人亡。但是，我又不能畏缩地躲避它。正在紧张地思考怎么办时，他忽然有了主意。让家人迅速找出一块绸，他亲笔写了"奉旨革职"四个字，也让船工高挂到桅杆顶上。官船上的人一见迎面开来的船，不仅不回避，还占据河心主道，照常行驶，顿生疑虑，经人观望那只船上也挂着一面旗幡，高高飘扬，于是放慢了速度。两船靠近时，官船上出来个大官人，一见是只不起眼的民船，桅杆上挂的是"奉旨革职"的旗帜，便大呼小叫地指责起来。郑板桥道："你神气什么！你奉旨上任，我奉旨革职，都是'奉旨'嘛，我为什么要给你让路？"

这官人气得无话可说，钻回舱里，经人汇报方知是当今名士、书画大家郑板桥的船。他立即改变态度，派手下的人携带一点儿礼物，登船道歉。其实道歉是假，索取郑板桥的字画才是真。

郑板桥听此人是朝中奸臣姚某人之子姚有才，到地方上任，他早就听说这个纨绔子弟除了吃喝嫖赌，没有别的能事。郑板桥心想，送上门的蠢货，何不戏弄他一番。于是应之，手书一诗相赠，姚有才派来的人乐得不得了。

拿到郑板桥的手迹到船上交给姚有才，姚有才小心翼翼地展开欣赏，只见那首诗写道："有钱难买竹一根，财多不得绿花盆，缺枝少叶没多笋，德少休要充斯文。"姚有才把每句诗开头的一个字，连起来一读竟是"有财缺德"，不禁气得发昏。

笑法有别

一天，纪晓岚陪同乾隆皇帝游大佛寺。君臣二人来到天王殿，但见殿内正中一尊弥勒佛，袒胸露腹，正在看着他们憨笑。乾隆问："此佛为何见朕笑?"

纪晓岚从容答道："此乃佛见佛笑。"

乾隆问："此话怎讲?"

纪晓岚道："圣上乃文殊菩萨转世，当今之活佛，今朝又来佛殿礼佛，所以说是佛见佛笑。"

乾隆暗暗赞许，转身欲走，忽见大肚弥勒佛正对纪晓岚笑，回身又问："那佛也看卿笑，又是为何?"

纪晓岚说："圣上，佛看臣笑，是笑臣不能成佛。"

写文骂我

广州的一些进步青年创办了"南中国"文学社，希望鲁迅给他们的创刊号撰稿。

鲁迅说："文章还是你们自己先写好，我以后再写，免得人说鲁迅来到广州就找青年来为自己捧场了。"

青年们说："我们都是穷学生，如果刊物第一期销路不好，就不一定有力量出第二期了。"

鲁迅风趣而又严肃地说："要刊物销路好也很容易，你们可以写文章骂我，骂我的刊物也是销路好的。"

答催稿信

抗战时期，北新书局出版的《青年界》，曾向作家老舍催稿。老舍在寄稿的同时，幽默地寄去了一封带戏曲味的答催稿信。

元帅发来紧急令：内无粮草外无兵！小将提枪上了马，《青年界》上走一程。呔！马来！参见元帅。带来多少人马？2000 来个字！还都是老弱残兵！后帐休息！得令！正是：旌旗明明，杀气满山头！

老舍瞎凑

一次老舍家里来了许多青年人，请教怎样写诗。老舍说："我不会写诗，只是瞎凑而已。"

有人提议，请老舍当场"瞎凑"一首。

大雨洗星海，长虹万籁天；

冰莹成舍我，碧野林风眠。

老舍随口吟了这首别致的五言绝句。寥寥 20 字把 8 位人们熟悉并称道的文艺家的名字，"瞎凑"在一起，形象鲜明，意境开阔，余味无穷。青年们听了，无不赞叹叫绝。

诗中提到的大雨即孙大雨，现代诗人、文学翻译家。冼星海即冼星海，人民音乐家。高长虹是现代名人。万籁天是戏剧、电影工作者。冰莹，现代女作家，湖南人。成舍我曾任重庆《新蜀报》总编辑。碧野是当代作家。林风眠是画家。

演讲妙招

幽默大师林语堂，一次，纽约某林氏宗亲会邀请他演讲，希望借此宣扬林氏祖先的光荣事迹。这种演讲吃力不讨好，因为不说些夸赞祖先的话，同宗会失望；若是太过吹嘘，又有失学人风范。

当时，他不慌不忙地上台说："我们姓林的始祖，据说是有商朝的比干丞相，这在《封神榜》里提到过；英勇的有《水浒传》里的林冲；旅行家有《镜花缘》里的林之洋；才女有《红楼梦》里的林黛玉。另外还有美国大总统林肯，独自驾飞机越大西洋的林白，可说人才辈出。"

林语堂这一段简短的精彩演讲，令台下的宗亲雀跃万分，禁不住鼓掌叫好。

谢绝求见

名著《围城》的作者钱钟书最怕被宣传，更不愿在报刊上露脸。

有一次，一位英国女士求见他，他执意谢绝，在电话中，他对那位女士说："小姐，假如你吃了个鸡蛋，觉得味道不错，何必要认识那个下蛋的母鸡呢？"

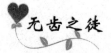

无齿之徒

一次，建筑学家梁思成作古建筑的维修问题学术报告。

他说："我是个'无齿之徒'。"

演堂为之愕然，以为是"无耻之徒"。

这时，梁思成说："我的牙齿没有了，后来在美国装上这副假牙，因为上了年纪，所以不是纯白色的，略带点黄，因此看不出是假牙，这就叫做'整旧如旧'。我们修理古建筑也要这样，不能焕然一新。"

情诗谢客

作家端木蕻良青年时代就爱读、爱谈《红楼梦》，是个"红"迷，加上对旧体诗词下过一番工夫，写得一手漂亮的毛笔字，赞扬他的人说他有才气，奚落他的人说他是"公子哥儿"。

20世纪40年代，他在桂林住所的门口贴了一首诗：

女儿心上想情郎，日写花笺十万行。

月上枝头方得息，梦魂又欲到西厢。

有朋友把这首诗念给作家秦牧听，秦牧不禁笑出声来，心里对他也有了个"好个公子哥儿"的印象。

后来，秦牧与端木蕻良过往多了，才理解到这首诗其实是一首"杜门谢客诗"，是专门写给一些文字朋友看的。

这首诗的真正含义是：自己工作很忙碌，无暇和一些爱东拉西扯的闲人作长谈，希望这类登门拜访的人物多加体谅，不要总是前来絮絮叨叨。

白纸讲稿

在一次会议上，有人看见陈总拿着一份稿纸，还不时地低下头看看，后来竟发现那是一张白纸。

"陈总，您怎么用张空白的发言稿啊？"会后有人问他。他回答说："不用稿子，人家会讲我不严肃，信口开河。"

至理名言

阿凡提想挣点钱养家，便带了根绳子到了集市上，站在打短工的人堆里张望。一个大肚皮的财主走过来了，喊道："我买了一箱细瓷器，哪位给我背回去，我就教给他三句至理名言。"

短工们谁也没有理他，阿凡提却动了心，他想，钱，哪里挣不到，"至理名言"却是不容易听到的，还是替他背了东西，听听他那三句，长长我的智慧吧。这样，阿凡提便站出来，背起了财主的箱子跟他走。

走了一会儿，阿凡提请财主开始教他"至理名言"。财主说："好，你听着，要是有人对你说，肚子饿着比饱着好，你可千万别相信呀！"

"妙，妙极了！"阿凡提说，"那么第二句呢？"

"要是有人对你说，徒步比骑马强，你可千万别相信！"

"对，再对不过了！"阿凡提说，"多么不容易听到的'至理名言'呀！那第三句呢？"

"你听着！"财主说，"要是有人对你说，世界上还有比你傻的短工，你可怎么也别相信呀！"

阿凡提听完第三句话，猛地把手里攥着的绳子一松，只听得"哐……

哐……哐"一阵响，箱子摔在地上了，阿凡提指着箱子，对财主说："要是有人对你说，箱子里的细瓷器没有摔碎，你可绝对不要相信啊！"

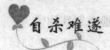

自杀难遂

一个大学生，平时经常旷课，又没参加过学术讨论，所以考试的时候，俄国著名医学家鲍特金教授出的题目，他一个也回答不出来。鲍特金教授很恼火，一气之下把这个学生赶出了考场。

不一会儿，这个学生的一个要好的朋友慌慌张张地跑来找鲍特金教授，说鲍特金的做法对这个学生打击太大，因此他想自杀，正在用刀子在身上比划着，准备刺穿自己的心脏而死。

鲍特金教授对这个学生的朋友说："让他比划去好了，这个人不懂人体构造，根本找不到心脏的位置。"

巧妙暗示

数学家高斯小时候有一天，去探望他的叔叔，路上，他遇到了叔叔的儿子——堂弟乔治。

高斯问："乔治，你爸爸在家吗？他好吗？"

乔治说："好极了。他的东西吃不完，还这里收收，那里藏藏的。"

高斯说："他藏的是什么呢？"

乔治说："他的竹箩里装的菠萝，砂锅里盛着旺鹅，天台上晒着一丈长的腊肠，纱橱里有新鲜的鱼肉，餐柜里还有一瓶蜜糖哩。"

高斯来到叔叔家里，向叔叔问好。

叔叔和他开玩笑说："啊呀，小高斯，你来得太晚了，我已经吃过了晚饭，什么东西也没剩下。你为什么不早点来呀？"

小高斯说："真可惜，本来我可以早些来的，可是我在路上遇上了一件很了不起的事！"

叔叔说："什么事那么了不起？"

高斯说："我在路上杀死一条大蛇呢。它的头有你竹箩里的菠萝那么大，全身有你天台上那些腊肠那么长，像你砂锅里的鹅一样肥，肉像你纱橱里的鱼那么白，它流出的血，就像你餐柜里的蜜糖那样浓哩。"

叔叔呵呵大笑起来，就把所有的东西都拿了出来，请小高斯美美地吃了一顿晚饭。

成名感受

华尔特·迪斯尼创建了迪斯尼乐园，他是美国乃至全世界都家喻户晓的人物。

一次，一位记者问他："迪斯尼先生，作为一个名声显赫的人物，你有何感受呢？"

迪斯尼先生想了想，说道："当我的名声使我能轻而易举地得到一场精彩球赛的最佳座位时，我的自我感觉十分良好。可是这种地位上的优势无法帮助我拍出一部好的影片，或是在马球赛上击打出一个好球，甚至连我的女儿也不会因为我是名人而轻易就范。"

英雄所见

有个朋友请瑞典作家斯特林堡看戏，这位朋友声称这戏是自己的新作。可戏开演之后，斯特林堡越看越觉得气愤，他发现，这个戏从人物到情节，正是他从前想写而没来得及写出来的一个戏，不久前，他曾向这个朋友谈过他的构思。戏散场后，这位朋友谦虚地向他征求意见，斯特林堡平静地说："这正是我想要写的戏，看来，我们英雄所见略同啊！"

殊途同归

爱因斯坦非常喜欢卓别林的电影。有一次，他在给卓别林的信中说："您的影片《淘金记》世界上所有的人都懂，您一定会成为一位伟大的人物。"

对此，卓别林在回信中说：

"我更加敬佩您。您的相对论世界上没有多少人懂，可是您终究成了一位伟大的人物。"

流行感冒

在一次宴会上，俄国作家赫尔岑被轻佻的音乐弄得非常厌烦，便用手捂住耳朵。

主人解释说："对不起，演奏的都是流行乐曲。"

赫尔岑反问道："流行的乐曲就一定好吗？"

主人听了很吃惊："不好的东西怎么能流行呢？"

赫尔岑笑了："那么，流行性感冒也是好的了！"

邮寄石头

一天，德国著名诗人海涅收到了一个大邮包，里面填塞着一大堆软纸，纸堆里藏着一只小盒子，盒子里有一封信。这是一个朋友写给海涅的，信只有一句话："我很健康，也很快活！"

不久，这位朋友也收到了一个邮包，是海涅寄来的。但他发现那是一只又大又重的木箱，要请搬运工人才能运回家去，打开箱子一看，除了一块大石头和一张便条外，并无别的东西。

便条上写的是："亲爱的朋友，读到你的来信，知道您很健康，我心里的这块大石头也就落下来了！"

司机解答

爱因斯坦常到大学去讲授相对论。有一次在去讲学途中，司机对他说："博士，我听过你的课大概有 30 次了，我已了解得很清楚了，我敢说，这课我也能上哩!"

"那么，好吧，我给你一个机会，"爱因斯坦说，"现在我们要去的学校，那里的人都不认识我。到了学校，我就戴上你的帽子充作司机，你就可以自称爱因斯坦去讲课了。"

司机准确无误地讲完了课。正当他准备在掌声中离开时，一位教授忽然提出了一个复杂的问题，要他解答。司机一愣，立即不动声色地说道："这个问题实在太简单了，我很奇怪您竟要问我。好吧，为了让您明白它是多么容易，我现在就叫我的司机来给您解答。"

请你收下

一天，阿拉伯的著名"笑星"朱哈正在逛市场，突然从背后上来个人，狠狠地打了他一个耳光。

朱哈朝他瞪了一眼："你这是干什么?"

"对不起，我错把你当成我的一个不分彼此的朋友了。"那人歉意地向朱哈解释。

但是，朱哈并没有放过他，将他告到了法官那里。法官听了他的诉说后，作出裁决：朱哈以其人之道，还治其人之身，回敬那人一个耳光。

可是，朱哈对此裁决感到不悦。法官说："既然你不满意，那就罚他给你十个银币。"说完就转向那人："回家去拿十个银币来给朱哈。"

就这样，法官有意将那人放走了，因为他是法官的一个好朋友。

朱哈足足等了几个小时，还不见那人归来。此时，他心里明白了：是法官欺骗了他。于是朱哈走到正在埋头工作的法官面前，狠狠地打了他一个耳光，然后对他说："法官大人，我有要事在身，不能在此久等了。如果那人回来的话，请你收下他的十个银币吧。"

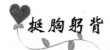

挺胸躬背

美国国务卿基辛格访华时，曾对周恩来总理说：

"我发现你们中国人走路都喜欢躬着背，而我们美国人走路都是挺着胸的，这是为什么?"

周恩来听后笑了笑，用同样的口吻说："这个好理解，我们中国人在走上坡路，当然是躬着背的。"

出名以后

一位默默无闻的年轻作家把自己刚写完的一个电影剧本恭恭敬敬地递给喜剧大师查利·卓别林。

"卓别林先生，我非常想知道您对该剧本的看法。"年轻人谦虚地说。

几天之后，卓别林把这个剧本还给了年轻作家。他摇了摇头，然后一本正经地说道："等你和我一样出名时，你才能写这样的东西。可现在你要写得好一些才行啊!"

写作姿态

海明威的作品以文字简练、明快著称于世。有一次，一个爱好文学的青年向海明威请教写作经验。海明威亲切而又风趣地说了这样一段耐人寻味的话：

"我写作是站着写的，这使我处于一种紧张的状态，促使我尽可能简洁地表达我的思想；等到要审读我的作品时，我就坐下来，这个舒适的姿态，便于我删掉一切在我看来是多余的文字。"

青蛙作证

俄国生理学家伊凡·谢切诺夫通过对青蛙的解剖实验，在1863年发表了关于《蛙脑对脊髓神经的抑制》等论文，同时又出版《脑的反射》一书，为神经生理学作出了很大的贡献。但是，沙俄政府竟以莫须有的罪名，把谢切诺夫逮捕。审讯时，法官说：

"被告，你可以给自己找个辩护人。"

伊凡·谢切诺夫平静地回答：

"让青蛙做我的证人吧！"

相隔太久

神父问 12 岁的孩子："谁是你的创造者？"

孩子思考一番以后答道："是我的爸爸。"

神父以同样的问题问 5 岁的孩子，孩子说："是上帝。"

于是，神父责备 12 岁的孩子："你不难为情吗？连 5 岁的孩子也知道是上帝创造了他。你 12 岁了，反而不知道！"

"对不起，" 12 岁的孩子眨巴眨巴眼睛，巧妙地回答："这个孩子被创造出来还不久，所以他记得自己的创造者。我是早就被创造出来的，相隔得太久了，便把这事儿给忘啦！"

秘书迟到

乔治·华盛顿是美国的第一位总统。他有一个年轻的秘书，一天早晨，这位秘书来迟了，他发现华盛顿正在等候着，感到很内疚，便说他的表出了毛病。

华盛顿平静地回答："恐怕你得换一只表，否则我就要换一位秘书了。"

蜘蛛结网

马克·吐温在美国的密苏里州办报时，有一次，一位读者在他的报纸中发现了一只蜘蛛，非常紧张，赶忙写信询问马克·吐温，看是吉兆或凶兆。马克·吐温回信道："亲爱的先生，您在报纸里发现一只蜘蛛，这既不是吉兆，也不是凶兆。这只蜘蛛只不过是想在报纸上看看哪家商人未做广告，好到他家里去结网，过安静日子罢了。"

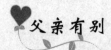

父亲有别

洛克菲勒是世界闻名的大富翁，他经常捐赠巨款给慈善团体。

有一次，他来到纽约的一家旅馆，提出要住最便宜的房间。

"洛克菲勒先生，我真不明白，"饭店经理说，"您为什么要住如此简陋的房间？您儿子在我们这里总是住最贵的房间的。"

"是的，"洛克菲勒说，"因为他爸爸是个百万富翁，可我爸爸不是。"

究竟谁傻

美国第9任总统威廉·亨利·哈里逊出生在一个小镇上。他是一个很文静又怕羞的男孩子。因为他的这个性格，人们都把他看作傻瓜。镇上的人常常喜欢捉弄他。人们经常把一枚五分的硬币和一枚一角的硬币扔在他面前，让他任意捡一个。威廉总是捡那枚五分的硬币，于是大家都嘲笑他。

有一天，一位妇人看到他很可怜，便对他说："威廉，你为什么总是不捡一角的？难道你不知道一角要比五分更多吗？"

"我当然知道。"威廉慢条斯理地说，"不过，如果我拿了那枚一角的，恐怕他们就再也没有兴趣扔钱给我了。"

求教问题

有一次，一个小伙子问莫扎特怎样写交响乐。

"你还年轻，我想你必须先从儿歌开始。"大音乐家说。

"可你开始写交响乐的时候，只有10岁呀！"年轻人说。

"是啊，"莫扎特说，"但是，我没有问过别人怎么写。"

成长预言

一天，某人有意刁难瑞士大教育家彼斯塔洛齐，向他提出一个问题："你能不能从襁褓中就看出，小孩长大以后会成为一个什么样的人？"

彼斯塔洛齐回答得很干脆："这很简单。如果在襁褓中是个小姑娘，长大一定是个妇女；如果是个小男孩，长大就会是个男子汉。"

脱帽致意

一次，罗西尼被请去为一位作曲家的新作提意见。

在这首曲子演奏过程中，他不住地脱帽。主人询问究竟，罗西尼回答说："我有个习惯，凡遇到老相识，我都要脱帽打招呼。在阁下的曲子里，我遇到的'老相识'太多了，所以只好频频脱帽向它们致意。"

天才象征

有一次，法国作家法朗士把自己的一只手做了一个模型，打算用青铜铸造。模型就放在办公桌上。这时，有一位客人来拜访，看见了桌上的模型，惊讶地问：

"先生，这是您的手的模型吗？"

"是的。"

"依我看，您这手简直跟雨果的手长得一模一样，真是天才的象征啊！"

"何以见得呢？"法朗士很想听听这位客人的"高见"。

"您看，中指尖这地方最像不过了，你再看，这里有一点凹进去的地方……"

法朗士大笑起来："那儿吗？那是我的冻疮落下的疤痕呐！"

服从多数

萧伯纳的一个剧本上演时，在两场之间，萧伯纳走出来对观众说："你们觉得这个戏怎么样?"

观众们一时不知怎么表达自己的美好感受。这时,坐在正厅后座的一个人一本正经地喊道:"这个戏蹩脚得很!"

萧伯纳鞠了一躬,对整个剧场的观众露出了笑容。

"我的朋友,"他耸了耸肩膀,指着后座的那位观众说,"我很赞同您的观点,但是我们两人反对这么多人的意见,能有什么用呢?"

♥ 饥荒原因

萧伯纳是个出名的瘦子。有一次,一个胖得像猪一样的资本家笑着对他说:"一见到你,我就知道目前世界上在闹饥荒。"萧伯纳瞥了资本家一眼,笑了笑说道:"而我一见到你,就知道目前世界上正在闹饥荒的原因。"

♥ 最后压缩

《读者文摘》是世界上最为畅销的杂志之一,知识容量大及趣味性、可读性强是它的主要特色,因而它能赢得许许多多的读者。这本著名杂志的创始人是美国出版商德威特·华莱士。

1981 年,华莱士终于走到了他人生道路的尽头。然而,他很达观,在临终前,他提议人们用一句编辑术语来做他的墓志铭。这句话就是——"最后一次压缩。"

♥ 哥哥已讲

美国的莱特兄弟是著名的飞机发明家。在研制飞机的过程中,两兄弟勇于探索,不怕失败,终于获得了成功,把飞机送上了辽阔的蓝天。然而,他俩都不习惯当众演说,认为这是件很为难的事。

一天,莱特兄弟应邀参加一个宴会。好客的主人非要请他们兄弟讲几句话，并力促哥哥先讲。

"各位!"大莱特结结巴巴地说，"讲话……的事，历……来是由我……弟弟去……承担。"

这样，主人又去请弟弟。只见小莱特站起来，接着就说道："感谢各位看得起我们，但我要说的话，刚才，我哥哥已经讲过了。"

童言无忌妙语天成借鉴篇

隔墙有耳

罗丝很爱吃巧克力，可是她妈妈从来不给她吃，因为她认为巧克力对她的牙不好。可是罗丝有一个好爷爷，这位老人十分疼爱孙女，有时他来看罗丝就给她带巧克力来。那时她妈妈就让她吃了，因为她想使老人家高兴。

罗丝过7岁生日的前几天的一个晚上，她上床睡觉前在卧室里玩玩具。"上帝，"她高声喊道，"请让他们在星期六我过生日时给我一大盒巧克力吧。"

她的妈妈正在厨房里，听见这个孩子在喊叫，立刻来到她的卧室。"你为什么叫喊，罗丝?"她向女儿问道，"你只要轻轻地说，上帝就能听到。"

"我知道，可是爷爷在隔壁，他却听不到。"

更不像话

父亲："你越来越不像话啦，晚上不好好复习功课，就往俱乐部跑。我到俱乐部去下棋，十次就有九次看到你。"

儿子："爸爸，那您更不像话，您比我还多一次呢!"

本末倒置

戴夫那个班的学生正在学习英国历史，有一天老师对他们说："喂，孩子们，星期五我们要坐公共汽车到康维去。那里有一座叫康维的美丽的城堡，我们要去参观。"孩子们听到这话非常高兴。

"现在，有谁有问题吗？"老师问道。

"那座城堡有多少年历史了，先生？"戴夫问道。

"大约 700 年，戴夫。"老师回答说。

星期五孩子们 9 点钟来到学校上了公共汽车。他们参观了康维城堡，然后各自回家。

"喂，"戴夫到家后妈妈问他说，"你喜欢那个城堡吗，戴夫？"

"不怎么喜欢，"戴夫回答说，"那些蠢人把城堡建造得离铁路太近了。"

很感委屈

孙子骄傲地把记分册给祖父看。

祖父说："唉，我读书时，历史成绩总是 100 分，而你才 90 分。"

孙子感到很委屈："呶，爷爷，你读书的时候，历史要短得多啊！"

原来如此

小男孩从学校回家。妈妈一看，帽子撕破了，上面尽是土，便问："这是怎么回事？"

"别的孩子干的，他们把我头上的帽子摘下来，当足球踢。"

"那你干什么来着？"

"我，我守球门呢。"

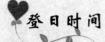

登日时间

小孩甲："听说第一个乘宇宙飞船登上月球的是美国人。可不知谁能第一个登上太阳?"

小孩乙："傻瓜,那会把人烧死的。"

小孩甲："你才傻呢,不能在夜里登上去吗?"

谁更有用

两个男孩在谈着太阳和月亮。

一个男孩："它们中哪一个更有用?"

另一个男孩："当然是月亮,月亮是天黑的时候挂在空中的,而太阳是在白天不需要它的时候挂在空中的。"

老子是谁

儿子："今天考历史,问老子是谁,我怎么也想不起来了。

父亲："笨蛋,天天见面还会忘了! 老子就是我嘛!"

只有一半

初一晚上,爸爸考问儿子："你说,月亮的直径有多大?"

儿子答道："1738 公里。"

"不对,"爸爸纠正说,"我给你讲过,是 3476 公里。"

"但是,"儿子辩解说,"爸爸你忘了,今天的月亮只有一半呀!"

我的梦想

有几个孩子在一起谈论各自的梦想。

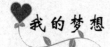

甲说："我希望爸爸的手由大变小，使他不能打我。"

乙说："我的愿望是有一台戴在手腕上的电视机，爸爸不让看，我照样能在被窝里看。"

丙说："我最大的梦想就是脑门上有一扇门，需要的时候，我把知识都取出来。"

省钱有招

岳翰："爸爸，如果我给你节省了一元钱，你高兴吗？"

爸爸："当然高兴，孩子。"

岳翰："那么，我已经给你节省了一元钱。你说过，如果我这星期带回好成绩来，你将给我一元钱，可是我没有带回好成绩。"

用爸保球

母亲："喂，宝贝，把你的足球送给那个没有爸爸的可怜的小男孩好吗？"

儿子："我们能不给他球而把爸爸给他吗？"

看罚说话

"玛丽，柜里那些糖果是不是你吃了？"母亲严厉地问她。

玛丽思索了一下，问妈妈道："说谎和说实话，哪样罚得重些？"

孙子反问

祖父和5岁的孙儿聊天，说："我像你这么大的时候根本没有电视看。"

孙儿问："那么你不乖的时候，你妈妈不许你看什么？"

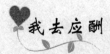

我去应酬

爸爸打电话回来，说今晚有应酬，不能回家吃饭了。

儿子问："妈妈，什么是应酬？"

妈妈向儿子解释："不想去，但是又不得不去，就叫作应酬。"

儿子恍然大悟。第二天早上他要上学了，向妈妈说："妈妈，我要去应酬了。"

表里不一

在一家体育用品商店门口，一个大约 13 岁左右的男孩正缠着父亲，想要买一套举重器材。

"求您了，爸爸，"孩子乞求道，"如果您真的为我买上那套举重器材，我一定会坚持训练，我向您保证。"

"可我还是不太相信你的话，孩子。"父亲犹豫不决地说。

"我向上帝发誓，一定要天天锻炼。"孩子郑重其事地宣布。

"好吧，如果你真的这么有信心，那就给你买！"父亲终于答应了。

父亲掏钱付清了账，然后径直朝停车场走去，可没走出多远，就听到后面传来一声大喊："爸爸，难道您要我一个人把这一大堆铁家伙从这儿搬到车上去吗？"

惩罚小狗

5 岁的马克辛向妈妈告状："我们的小狗把我的皮鞋咬破了。"

"要狠狠地惩罚它一下。"母亲回答说。

"妈妈，我正是这样做的。我把狗盆里的食物全吃光了，让它饿一天，看它下次还敢不敢这样！"

176

替我上学

爷爷对刚上一年级的孙子说："我像你这么大的时候，哪有机会上学啊！"

孙子说："爷爷，那您替我去上学吧！"

奖金冻结

小平今年12岁。他有一个非常精致的存钱盒，放在衣柜的抽屉里。他的爸爸妈妈需要零钱时，就从他的钱盒里掏，并留下一张借条。小平显然不喜欢爸爸妈妈的这种做法，因为他好不容易积攒起来的钱，在钱盒里躺不了多久，便被他的爸爸妈妈请出去了，留下的只是一张没有偿还日期的借条。

一天，有人交给小平的爸爸一张数额很小的发票。他跑进小平的卧室，找到那只钱盒。但里面只有一张小纸片，上面写着："亲爱的爸爸妈妈，我的钱转移到了冰箱里，我希望你们明白，我所有的资金全部冻结了。"

最好借口

叶旭晨已经6岁。一天，他对爸爸说："爸爸，我长大了，要当一个北极探险家。"

爸爸："那好啊，晨晨。"

叶旭晨："我从现在起就得开始训练。"

爸爸："你打算怎么训练？"

叶旭晨："我天天得吃冰淇淋，使我能适应寒冷的天气。"

苹果睡觉

有一天晚上，3岁的小楚欣已经上床了。她请求妈妈说："妈妈，请你给我一个苹果吧!"

"天已经很晚了,孩子。"妈妈说,"苹果都睡觉了。"

楚欣说:"小苹果也许已经睡觉了,可大苹果还没睡哩!"

❤ 分吃烤鸡

一个小男孩在学校里考完了算术,回到家准备午饭。

今天是他的生日。妈妈特意从厨房里拿出来两只美味的小烤鸡放在桌上。他一看,得意洋洋地对爸爸说: "我可以用算术计算出桌上有三只烤鸡!"

"噢!"爸爸疑惑地问,"你怎么算的?"

"喏,这是第一只,那是第二只,第一加第二等于三!"小男孩蛮有把握地回答。

"哼,你倒聪明!"爸爸说: "好吧,等一下我吃第一只,你妈吃第二只,你就吃第三只吧!"

❤ 闭眼签名

考试卷子发下来了,亨利这次仍旧"红灯高照"。于是,老师又一次把亨利叫到办公室,训斥道:"你为何老是不能进步,我真替你着急。回家后,把试卷上的习题重做一遍。还有,让你爸爸签个名,否则,别来上课!"

回到家,亨利拿着试卷左思右想。突然,他悟出了一个妙计。

"爸爸,您能闭上两只眼睛写自己的名字吗?"

"当然可以,那有什么难的!"爸爸毫不介意地说。

"那就请您闭上眼睛在我的成绩册上签个名吧!"亨利高兴极了。

❤ 孙子发誓

孙子:"爷爷,您给我买个小喇叭吧!"爷爷:"不买,没有喇叭已经被你闹得够受了。"

孙子："爷爷，我发誓，您要是给我买了喇叭，我只在您睡觉以后吹！"

♥ 救救孩子

有客自远方来，未见其主人见其子，遂问："小朋友，你叫什么名字？"

子："妈妈高兴就叫我小天真，妈妈生气就叫我小淘气。"

客："你几岁了？"

子："看电影 8 岁，进澡堂 6 岁，过几天上学 7 岁。"

客："这是谁告诉你的？"

子："妈妈说，8 岁才能进电影院，6 岁才能免票，7 岁才能上学。"

客："你家有哪些人？"

子："爸爸、妈妈、我，还有……"

此时女主人归，孩子立即扑了上去。

子："妈妈，这叔叔问我们家有哪些人。"

母："啊，同志，是这么回事，上月分房子，他奶奶姥姥都在，这个月下乡了，水费只算 3 个人吧。"

客："你误会了，我是他爸爸的老同学。"

母："真是闹笑话了，你看这孩子有多淘气。"

客："不，他天真得很。"

母："这孩子尽说胡话。"

客："是啊，要救救孩子才好！"

♥ 早点到家

沙宝和妈妈乘火车回老家去。车开了，沙宝在车厢里一会儿往前，一会儿往后地来回跑着。

妈妈问："沙宝，你干吗老跑啊？快坐下！"

"不，"沙宝回答道，"火车在走，我再跑，咱们就可以早一点到家了！"

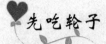 先吃轮子

母亲问小儿子："安子，如果汽车是用巧克力做的，你先吃哪部分呀？"

安子随即回答道："轮子呗！这样汽车就开不走了啊！"

肚子爆炸

一个男孩吃了很多饼干，还想再吃。

父亲对他说："快别吃了，再这样吃下去，你的肚子会爆炸的。"

男孩说："不要紧。我再吃时，你可以躲开。"

当作曲家

父亲："你认识多少字了？"

儿子："就认得阿拉伯数字 1 到 7。"

父亲："你真蠢！长大该怎么办啊？"

儿子："没关系，长大我可以当作曲家。作曲家只写 7 个数字，连 8 都用不上。"

记性不好

妹妹问："姐姐你为什么哭？谁欺负你了？"

姐姐："地理老师给我打了个'不及格'，因为我忘了兰州在哪儿。"

妹妹："瞧你记性真不好，你到底把它放到哪儿去了？"

大公无私

烁宇在学校里没考好，他的母亲对此很生气。责备道："去年，我很为

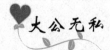

你感到骄傲，因为你是班里最好的学生。"

烁宇听了觉得很难过。但他想了一会儿，便笑着对母亲说："要知道，妈妈，别人的母亲也都想为她们的孩子感到骄傲。但是，如果我总是第一的话，这对她们来说，不就失去骄傲的机会了吗？"

变成小点

小威利对飞机简直入了迷，只要他听到有飞机飞过，总要跑出去观看，直到飞机在远方变成一个小点为止。

终于他也有一个机会第一次乘飞机旅行。当时，他十分激动，两眼圆睁。大约起飞 10 分钟后，他急切地问母亲："我们什么时候变成一个小点，妈妈？"

与父同年

"小朋友，你爸爸今年多大了？"

"同我一样大，老奶奶。"

"怎么会同你一样大呢？"

"当然啰！他成为我爸爸同我成为他儿子都是同一天呀！"

成语妙解

听说小虎在学校语文学得不错，家里人有些不信，想故意考考他。

姐姐问："什么叫'千金难买'？"

小虎："这是价值昂贵的意思。比如，你的男朋友给你买了 1000 多元的东西了，你还不答应结婚，这就叫'千金难买'。"

姐姐一脸羞涩。

哥哥问道："什么叫'扑朔迷离'？"

小虎："这是雌雄难分的意思。比如，你和女朋友都留着长发，都穿着花衫子，谁是男，谁是女，叫人分不清，这就叫'扑朔迷离'。"

哥哥一脸尴尬。

爸爸又问："什么叫'锦上添花'？"

小虎："这是好上加好的意思，比如，你们领导的儿子结婚，人家本来什么东西都有了，您还送去一台微波炉，这就叫'锦上添花'。"

爸爸一脸难堪。

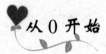

从 0 开始

父亲："刚开学考试，你怎么就得了个'0'分？"

儿子："老师说，我们一切都要从 0 开始嘛！"

黑狗懂吗

鼎新和他的父亲，在大街上走着，突然看见一只大黑狗，朝着他们叫唤。鼎新有点害怕，想奔回家去。爸爸说："别怕它，你忘了那句成语吗？'喜欢叫唤的狗是不咬人的'。"

"噢，"鼎新说，"我知道这句成语，您也知道这句成语，但这只大黑狗懂这句成语吗？"

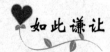

哪一个大

儿子问："1 和 20 哪一个大？"

老爸答："当然是 20 大！"

儿子说："那么我考了 20 名，就比第 1 名好了！"

如此谦让

妈妈给旭晨一块大馅饼说："旭晨，这饼挺好吃，可别全吞了，留给妹妹一点，要谦让呀。"

"妈妈，怎么个谦让呀？"

"给妹妹思瑶多吃一点。"

"好吧，我先不忙吃，把馅饼先给思瑶，先让她谦让一下不更好吗？"

如此联系

在火车上，有人看见两个小女孩珍妮和玛丽很好玩，就给她们每人一只香蕉。

她们有生以来第一次见到香蕉，珍妮好奇地咬了一口。正在这时，火车驶进隧道。她觉得眼前一黑，不禁大吃一惊。

"喂，玛丽！"她叫了起来，"你吃过香蕉没有？"

"还没有吃呢！"玛丽答道。

"噢，那快别吃！"珍妮说，"吃了香蕉会什么都看不见的！"

当心爆炸

儿子："爸爸，您藏那么多书很危险。"

父亲："怎么啦？"

儿子："老师说过，现在是知识爆炸时代，您书里尽是知识，当心爆炸！"

母鸡开花

动物园里，小冬望着开屏的孔雀对妈妈说："妈妈，快看，母鸡开花了。"

快关窗户

小若米已经3岁了。一天他正在窗口观望，夜幕降临了，突然他喊道：

"妈妈，妈妈，快来关窗呀！"

"这是为什么？孩子，天不冷呀。"

"是的，妈妈，但黑夜会进来的。"

什么更重

人们问一个男孩："1千克铅和1千克羽毛，哪个更重？"

男孩毫不犹豫地回答："1千克铅重。"

人们立刻向他解释："你错了，两个一般重。"

可是男孩仍然坚持他的看法："为了证明这一点，我到阳台上，从那里先往您的头上扔1千克羽毛，然后再扔1千克铅。咱们瞧瞧，到那时您怎么说。"

修理孩子

何林的爸爸是小儿科医生，妈妈是助产士。

同学问何林："你父母是做什么工作的？"

何林回答："妈生产孩子，爸修理孩子。"

哭泣原因

"为什么你的小弟弟总是整天哭个不停？"一个小朋友问另一个小朋友。

"这有什么奇怪的呢？要是你也没有牙齿，没有头发，又不会走路，不会讲话，连大小便都要人家帮忙，你也会整天哭个不停的。"

纵横校园游刃有余演练篇

惯性作用

物理老师在讲惯性这一课，一个学生在下面窃窃私语。

老师暗示了他一眼，可他仍我行我素。

老师："我刚才讲了什么内容？"

学生："惯性。"

老师："请你举个实例。"

学生："刚才我在下面讲话，虽然您暗示了我一眼，但我没法马上停住，这就是惯性。"

用牙识别

老师问："人们是凭什么来识别母鸡的年龄的？"

学生答："用牙齿，老师！"

老师："但是母鸡并没有牙齿呀？"

学生："母鸡可能没有牙齿，可我有。如果母鸡的肉很嫩，年龄就小；如果咬也咬不烂，母鸡就很老了！"

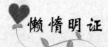
懒惰明证

老师叫同学们写作文，题目是：什么叫懒惰？晚上他批改作业本，打开一个学生的本子，看到第一页是空白的，第二页又是空白的，翻到第三页，上面写着："这就叫懒惰！"

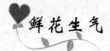
鲜花生气

老师问："文中说蜜蜂给花园增添了生气，是什么意思？"

一个学生回答："蜜蜂偷花蜜，花儿就生气啊！"

大家听了笑个不停。

那学生又说："笑什么！要是鲜花不生气，哪来鲜花怒放呢？"

还没开读

学生问白发苍苍的老师："您有没有从头到尾把托尔斯泰的《战争与和平》读过一遍？"老师回答："像《战争与和平》这样的不朽名著，每人都应该在去世以前把它读完。为了活得久一点，我还没有开始阅读。"

漫谈名气

两个学生谈论什么是名气。

一个说："名气是应邀到白宫去和总统会谈。"

另一个却说："你错了，名气是应邀到白宫去和总统会谈，碰巧来了热线电话，总统拿起电话听筒一听，然后客气地对你说，'阁下，您的电话'。"

兽中之王

"同学们，谁是兽中之王？"老师问。

"动物园园长。"学生回答。

单数复数

老师："布尔金，你学过单数和复数了吗？"

布尔金："学过了。"

老师："那你说说看，裤子是单数还是复数？"

布尔金："上面是单数，下面是复数。"

上课睡觉

一个学生上课时睡觉，被老师发现。

老师："你为什么在上课时睡觉？"

学生："我没睡觉哇！"

老师："那你为什么闭上眼睛？"

学生："我在闭目沉思！"

老师："那你为什么直点头？"

学生："您刚才讲得很有道理！"

老师："那你为什么直流口水？"

学生："老师您说得津津有味！"

工作原理

学生对物理老师说："老师，我有个问题要问您，电话是怎样工作的呀？"

老师说："很简单，当你看到电话线时，你应当立刻联想到一条尾巴很长的猎獾犬。你踢它的后面，它的前面就叫了！"

"啊！那无线电话机呢？"

"同样的道理呀——只是这条猎獾犬没有尾巴罢了！"

不溶原因

学生在上化学实验课的时候，老师一只手拿着装有硫酸的试管，另一只手拿着一枚十马克的钱币，然后把钱币放入试管里。

老师问学生："酸的强度能不能溶解这块钱币？"

学生都沉默了。过了好一会儿，坐在后排的一个男孩子站起来回答："不能！"

老师满意地说："答得对，那么你能告诉我，为什么不能吗？"

学生不假思索地说："假如酸达到溶解钱币的强度，那您就不会放一个一元的硬币，而是放一个一角的了。"

巧答提问

老师："戴维，你为什么不回答，是不是我提的问题把你难住了？"

戴维："噢，不，老师。你的问题我全懂，难住了我的倒是答案。"

最好诠释

心理学教授在课上对学生们说："今天我准备给大家讲'什么是谎言'。有关这方面的问题我已经在我的一本学术著作《论谎言》中作了详尽的介绍。在你们当中有谁读过我的这本书的请举起手来。"所有的学生都举起了手。

"很好，"教授接着说，"对于'什么是谎言'我们大家都有了切身的体会。因为我的这本著作尚未出版。"

一张白纸

向美术老师交作业时，一位学生只交了一张白纸。

老师问："画呢？"

"这儿！"学生指着白纸说。

老师："你画的是什么？"

学生："牛吃草。"

老师："草呢？"

学生："牛吃光了。"

老师："那么牛呢？"

学生："草吃光了，牛就走了！"

谁最爱国

学生甲："我的爱国心最强，我从不买外国货。"

学生乙："跟我不能比，我从来不看外国电影。"

学生丙："你们都给我闭嘴吧，你们想想看，我自入学以来，哪次外语我让它考及格了？"

确信如此

老师："不论对什么事情，聪明的人都会思考再三，只有笨蛋才会急于下结论。"

学生："您确信是这样吗？"

"我确信如此。"老师肯定地回答道。

砍树救人

上护理课时，老师问："看到有人上吊，你会采取什么急救措施？"

学生答："把树砍了。"

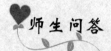

师生问答

教师："我们已学过《世界发明史》，请问，你们谁能告诉我，50 年前所没有的最重要的东西是什么？"

"我！"一个最聪明的学生理直气壮地说。

教师："在人类发展史上，人从四肢走路进化到两肢走路，最大的优点是什么？"

学生："可以省一双皮鞋！"

教师："你们知道吗？林肯像你们这么大时，已是全班最好的学生。你们呢？"

学生："知道。但是，林肯像您这么大的时候，已经是美国总统了。"

无以言表

作文课上，老师出的题目是《欢乐的元旦》，要求每个同学具体、详细地描述元旦那天热闹的场面和欢乐的心情。

没过几分钟，小涛就交卷了，老师一看，上面写道："元旦那天太热闹了，我的心情激动得简直无法用语言描述。"

消除不和

某学校开展了一个家庭问题讨论课。

教师问学生："你们认为要消除家长与学生不和的现象，最好的办法是什么？"

一个同学大胆地站起来，对老师说："最好的办法是您在我们的学习成绩单上全填上 100 分。"

用心听课

女老师竭力向孩子们证明，学习好功课的重要性。

她说："牛顿坐在树下，眼睛盯着树在思考。这时，有一个苹果落到他的头上，于是他发现了万有引力定律。孩子们，你们想想看，做一位伟大的科学家多么好，多么神气啊！要想做到这一点，就必须好好学习。"

班上一个调皮鬼对此并不满意。他说："兴许是这样。可是，假如他坐在学校里，埋头书本，那他就什么也发现不了啦！"

十分简单

某日上理化课，老师宣布下节课要小考。

小明立即举手问："老师，会不会考得很难。"

老师说："十分简单。"

乐得大家拍手叫好，可是考完后每个人都考得惨不忍睹，于是小明对老师说："老师，你怎么骗我们？"

老师说："我可没说错哦，十分简单，剩下九十分很难！"

发现美洲

老师："这是幅地图，谁能把美洲指出来？"

陈东走到地图前，在上面找到了美洲。

老师："孩子们，现在请告诉我，美洲是谁发现的？"

孩子们："陈东。"

叙述流畅

某生在上语文课时特别喜欢睡觉！

有一次老师讲评课文道："这篇文章，文笔细腻，叙述流畅……"

这位同学模模糊糊听到最后两个字，猛地一惊，立刻起立。

老师很诧异，问："刘畅同学，有什么问题吗？"

这位同学才明白，老师说的是"流畅"，他顿时从脸上红到脚跟了。

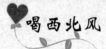

喝西北风

老师："夏天刮东南风，冬天刮西北风，请记住。"

学生："不对。夏天刮的也应该是西北风。"

老师："怎么是西北风呢？"

学生："因为我妈说跟我爸结了婚，一年四季都喝西北风。"

圆圆杀人

女老师坐在讲台边备课，学生们都安安静静地在座位上写字，但是男生圆圆特别调皮，一直不停地做小动作，还影响旁边的女生小宁。

小宁跑上去告状："老师，圆圆拿我橡皮。"

女老师抬了一下头："叫他不要拿。"说完又忙着备课了。

过了一会，小宁又跑上来："老师，圆圆踢我椅子。"

女老师因为忙着备课，眉头一皱："他怎么这么烦啦，叫他不要踢。"

又过了一会儿，小宁又跑上来了："老师，圆圆在杀人！"

"叫他不要杀！……啊？杀人？"女老师吃惊地走过去，发现圆圆桌上的草稿纸上画着两只互相厮杀的大虾，手里还拿着刀和剑……

度日如年

老师问："如果你只得一日的寿命，你想到哪里？"

学生答："我会将最后一天留在学校，这个课室。"

老师说："好感动啊！现在竟然有学生这般好学。"

学生说："因为我在教室里有度日如年的感觉啊！"

历史重演

父亲："老师，我儿子历史考得怎么样？我当初上学时可不喜欢这门课。"

老师："那您当时历史课的考试成绩如何？"

父亲："考了个不及格。"

老师："很不幸，历史又重演了。"

住得拥挤

有一次，地理老师在教室里讲月球上的情况。他说："月亮大得很，在上面居住几百万人，仍然是十分宽敞的。"

一个学生忽然大笑起来。

"你笑什么？"老师问。

"我想象得出，当月亮变成月牙儿的时候，住在上面的人该多么拥挤啊。"学生回答。

地理考试

地理考试时，其中一道题是简略描述下列各地：阿拉伯、新加坡、好望角、罗马、名古屋、澳门。

小明这样写：从前有个老公公，大家叫他阿拉伯，有一天他出去爬山，当他爬到新加坡的时候，看见一只头上长着好望角的罗马直冲过来，吓得他拔腿跑进名古屋，赶紧关上澳门。

梦想成真

学生："老师，我已梦见自己成了作曲家。请问，我怎样才能把梦变为现实?"

老师:"少睡觉!"

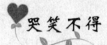

哭笑不得

老师问:"谁是路易十四?"

学生答:"路易十四不就是路易十加路易四吗!"

老师听后几乎给气炸了,没好气地道:"你怎么不说是路易七乘路易二呢?"

学生说:"老师,从数学来说,路易七乘路易二应是路易平方十四,因此您错了。"

老师为之结舌,哭笑不得。

自作多情

这天早上,小龙在阳台上看风景,发现对面女生宿舍里一位漂亮的女孩拿着手绢在向他挥手,他也向她挥,然后她跑到另外一个窗口再跟他挥手,他也跟她再挥,后来她又走到第三个窗口跟他再挥手,这时他才反应过来,原来她在擦窗户……

最忙的人

王杰:"上课时我算得上是世界上最忙的人了。"

刘珍:"为什么?"

王杰:"我一边忙着听老师讲课,一边忙着看小画册,等老师走过来时,我还得忙着把它藏起来。"

想去哪里

地理课上,老师问学生们最想去哪里。

学生甲："我想去美国。"

学生乙："我想去巴黎。"

"吴向东，你最想去哪儿?"老师问道。

"厕所。"

♥ 最糟的事

老师："难道还有什么事情比我们咬开一个苹果时，发现里面有一条虫子更糟糕的吗?"学生："有，发现虫子只剩下半条了。"

♥ 背不动滚

假期回家，同学们送老师。有个男生帮老师背行李，行李又重又大，这个男生背着行李很吃力。

于是老师对他说："背不动就滚吧!"

这个男生听后脸色大变，很是难受。

老师一愣，忙向他解释："行李有滚珠，我指的是轮子!"

♥ 不敢怕了

教导员是一个十分严厉而小气的人，同学们既怕他，也恨他。他知道这种情况后，想缓和一下关系，于是召集同学们开会。

在会上他指着一个同学问道："都说你们很怕我，其实我挺平易近人的，你说说，你怕我吗?"

这个同学生怕他背后使坏，于是很坚决地说："不怕!"

教员很满意这样的回答，他又问另外一个同学："你怕我吗?"

这个同学也赶紧说："不怕。"

连着问了几个人，都说不怕。

教员的脸上都乐开了花。突然他发现了一个同学心不在焉，于是突然点了他的名字，然后大声问他："你怕我吗？"

可怜这位同学吓得脸色都白了，他看着教员，哆哆嗦嗦地回答："我，我……我不敢怕了。"

五十年前

"高明，"教师问道，"你能说出 50 年以前还没有的 3 种东西吗？"

"原子弹。"

"对！"

"电视机。"

"对！"

"还有……我！"

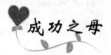
成功之母

老师问："谁能讲出历史上的郑成功是何许人？"

有位学生站起来说："郑成功是何许人我不清楚，可我知道谁是他的母亲！"

老师问："他的母亲是谁？"

学生说："他的母亲叫'失败'！"

老师不解。

学生说："老师不是常说'失败是成功之母吗'？"

什么都行

有一个美国留学生对中国方块字充满了浓厚的兴趣。有一天，他上街回来找到老师的办公室："老师，我觉得你们中国人很不谦虚。"

"为什么？"老师感到惊讶。

"大街上，我看到许多大招牌，都是自我炫耀，比如：中国很行！中国人民很行！中国农业很行！"

听到这里，老师恍然大悟：他把"银"看成"很"了。

如此造句

课堂上，老师让大家用"发现"、"发明"、"发展"造句。

一位同学站起来说："我爸爸发现了我妈妈，我爸爸和我妈妈发明了我。我渐渐发展长大了。"

爸爸是牛

老师："你脚上穿的鞋是什么做的？"

学生："是皮做的。"

老师："皮是从哪里来的？"

学生："牛身上来的。"

老师："那么，供给你皮鞋穿，又供给你肉吃的动物是什么？"

学生："是爸爸。"

爸爸妈妈

老师："一个长来一个短，一个快来一个慢，短的生来懒得动，长的忙得团团转，猜这是什么？"

学生："爸爸和妈妈。"